"十四五"高等职业教育大数据技术与应用规划教材

流程机器人应用开发

LIUCHENG JIQIREN YINGYONG KAIFA

曹蓓蓓　袁姗姗◎主　编
张琦琪　庞旭东◎副主编

中国铁道出版社有限公司
CHINA RAILWAY PUBLISHING HOUSE CO., LTD.

内 容 简 介

本书为"十四五"高等职业教育大数据技术与应用规划教材之一,结合《高等职业教育专科信息技术课程标准(2021年版)》编写。

全书共10个模块,包括RPA机器人的认知、初识UiBot及使用、客户端应用自动化、界面操作自动化、Excel操作自动化、Word操作自动化、邮件处理自动化、OCR文字识别自动化、办公自动化综合案例和RPA机器人部署上线。本书以模块化结构设计项目内容。模块1以案例的方式介绍了RPA的概念及应用与发展;模块2~10,每个模块从知识准备开始,项目的安排由简单到进阶,难度逐步加深,每个项目的最后都设有知识测评、能力测评、素质测评及拓展练习,理论结合实践的同时,突出实践技能训练,以递进的方式引导学生掌握流程机器人应用开发的技能。针对项目开发操作涉及的重点难点,还配套制作了相关教学视频讲解,以二维码的形式提供,以帮助学生巩固所学,加深理解。

本书内容贴近实际应用,操作性强,在项目选材中贴合学生实际和岗位需求,在项目开发实践中培养学生的工匠精神和职业素养,适合作为高等职业院校进行信息技术基础普及的通识教材,也可作为企业培训机器人办公自动化的辅助教材。

图书在版编目(CIP)数据

流程机器人应用开发 / 曹蓓蓓,袁姗姗主编;张琦琪,庞旭东副主编. -- 北京:中国铁道出版社有限公司,2025.1.
("十四五"高等职业教育大数据技术与应用规划教材).
ISBN 978-7-113-31833-8

I. TP242

中国国家版本馆 CIP 数据核字第 202468C012 号

书　　名：流程机器人应用开发
作　　者：曹蓓蓓　袁姗姗

策　　划：曹莉群	编辑部电话:(010)63549508
责任编辑：闫钇汛　包　宁	
封面设计：郑春鹏	
责任校对：安海燕	
责任印制：赵星辰	

出版发行：中国铁道出版社有限公司(100054,北京市西城区右安门西街8号)
网　　址：https://www.tdpress.com/51eds
印　　刷：河北宝昌佳彩印刷有限公司
版　　次：2025年1月第1版　2025年1月第1次印刷
开　　本：787 mm×1 092 mm 1/16　印张：15.75　字数：382千
书　　号：ISBN 978-7-113-31833-8
定　　价：52.00元

版权所有　侵权必究

凡购买铁道版图书,如有印制质量问题,请与本社教材图书营销部联系调换。电话:(010)63550836
打击盗版举报电话:(010)63549461

前　言

随着企业数字化转型的加速，机器人流程自动化（robotic process automation，RPA）技术在各行各业的应用越来越广泛。2021年国家出台的《高等职业教育专科信息技术课程标准（2021年版）》中，将"机器人流程自动化"单列进入高职信息技术课程的拓展模块。

本书让学生能够了解机器人流程自动化的技术框架和工具的使用，掌握简单的机器人开发和应用，使用软件机器人自动执行大量重复、基于规则的任务，实现现代办公的自动化，从而帮助学生及时掌握这一前沿技术，适应未来的工作需要。

本书以模块化结构设计项目内容。模块1以案例的方式介绍了RPA的概念及应用与发展；模块2~10，每个模块从知识准备开始，项目的安排由简单到进阶，难度逐步加深，每个项目的最后都设有知识测评、能力测评、素质测评及拓展练习，理论结合实践的同时，突出实践技能训练，以递进的方式引导学生掌握流程机器人应用开发的技能。针对项目开发操作涉及的重点难点，还配套了相关教学视频讲解，以二维码的形式提供，以帮助学生巩固所学，加深理解。

本书共分为10个模块。模块1介绍了RPA机器人的概念、应用及发展，通过生动的案例让学生了解到与传统的人工实现办公任务相比，流程机器人自动化操作带来的极大便利和高效化；模块2介绍了机器人常用开发软件UiBot的下载安装及界面的组成知识；模块3以微信为例，介绍了客户端应用自动化机器人项目的开发应用；模块4以网页中特定条件的数据爬取保存为例，介绍了界面操作自动化机器人项目的开发应用；模块5介绍了Excel操作自动化机器人的开发，以实现批量数据的汇总和分析；模块6介绍了Word操作自动化机器人的开发，批量生成个性化Word文件；模块7介绍了邮件处理自动化机器人的开发，实现邮件发送、接收的批处理；模块8以证件照片、发票中的文字识别为例，介绍了OCR文字识别自动化机器人的开发；模块9总结之前模块的知识点设计了几个办公自动化综合案例，以帮助学生更加熟练地掌握所学的知识内容，进一步巩固与提高操作技能；模块10介绍了机器人开发之后，如何完成部署上线。

本书由上海出版印刷高等专科学校计算中心教学团队与上海泓江信息科技有限公司联合编写，是一本校企合作开发编写的教材，由曹蓓蓓、袁姗姗任主编，张琦琪、庞旭东任副主编。戴俊杰、李晓洋、胡俊杰等人共同参与教材内容编写和数字资源制作。

在编写本书过程中，编者得到了上海泓江信息科技有限公司梁永、易娴的大力支持和帮助，在此表示诚挚的感谢。

由于时间仓促和编者能力有限，书中难免有不妥之处，望广大读者批评指正。

编　者
2024年11月

目 录

模块1　RPA机器人的认知 1
　项目1　初识RPA机器人 1
　项目2　了解RPA机器人应用与发展 6

模块2　初识UiBot 15
　知识准备 15
　项目1　下载安装注册UiBot 18
　项目2　创建一个简单机器人 21

模块3　客户端应用自动化 28
　知识准备 28
　项目1　安装微信机器人 32
　项目2　添加微信朋友机器人 40
　项目3　群发微信机器人 46

模块4　界面操作自动化 51
　知识准备 51
　项目1　界面数据项抓取机器人 54
　项目2　界面数据表抓取机器人 78

模块5　Excel操作自动化 95
　知识准备 95
　项目1　系部学生信息汇总机器人 97
　项目2　社团招新信息汇总分析机器人 104

模块6　Word操作自动化 111
　知识准备 111
　项目1　批量生成录取通知书机器人 115
　项目2　批量生成邀请函机器人 124

模块7　邮件处理自动化 132
　知识准备 132
　项目1　批量发送作业要求机器人 135
　项目2　学生作业处理机器人 142

模块8　OCR文字识别自动化 160
　知识准备 160
　项目1　图片中的OCR——证照图片的文字提取 167
　项目2　图片中的OCR——以发票识别为例 176

模块9　办公自动化综合案例 187
　知识准备 187
　项目1　简单案例——数据抓取机器人 192
　项目2　进阶案例——发票验真机器人 197
　项目3　UiBot高级开发——结合案例实践 218

模块10　RPA机器人部署上线 231
　知识准备 231
　项目　完成部署准备，实现系统上线 240

模块 1
RPA 机器人的认知

在瞬息万变的时代，面对外在环境、竞争形势、客户需求等方面VUCA［volatile（不稳定）、uncertain（不确定性）、complex（复杂性）、ambiguous（模糊性）］的挑战，数字化转型已成为所有行业、各类企业的必由之路。

机器人流程自动化（robotic process automation，RPA），常被形象地称为"RPA机器人"或者"数字化员工"。RPA机器人可通过预设程序模拟人类键盘输入、鼠标单击等操作与数字化工具互动。它运转速度快、偏差率低且无须休息，是处理重复性模块化工作的前沿技术。

RAP作为数字化转型的代表性技术，目前已在银行、证券、保险、能源、零售等领域得到了较好的应用，它具有代替人工去执行那些繁重且重复性任务的特性，现已成为企业数字化转型重要的数字化劳动力。

本模块将介绍RPA的定义、功能与特点，以及RPA机器人的应用与发展。

项目 1　初识 RPA 机器人

1. RPA 的定义

在过去的一段时间里，对于RPA是什么，各类研究机构、公司根据其特征及价值给出了不同的定义。

电气与电子工程师协会（IEEE）给出的定义：RPA通过软件技术来预定业务规则以及活动编排过程，利用一个和多个互不相连的软件系统协作完成一组流程活动、交易和任务，同时需要人工对异常情况进行一些管理来保证最后的交付结果与服务。

机器人流程自动化与人工智能协会（IRPAAI）给出的定义：RPA是一种技术应用模式，使机器人软件或机器人能够捕获并解释现有的应用信息，从而能够处理事务、操作数据、触发响应，以及与其他数字化系统进行通信。

IBM给出的定义：RPA是利用软件来执行业务流程的一组技术，按照人类的执行规则和操作过程来执行同样的流程。RPA技术可以降低工作中的人力投入，避免人为的操作错误，处理时间将会大大降低，人类可以转换到更高阶的工作环境中。

麦肯锡（McKinsey & Company）给出的定义：RPA是一种可以在流程中模拟人类操作

的软件，能够比人类更快捷、精准，不知疲倦地进行重复性工作，使人们投入更加需要人类能力的工作中来。

德勤（Deloitte Touche Tohmatsu，DTT）给出的定义：RPA是一款能够将人工工作自动化的机器人软件，它代替人工在用户界面完成高重复、标准化、规则明确、大批量的日常事务操作。

安永（Ernst & Young，EY）给出的定义：RPA是一项允许公司员工通过配置计算机软件或机器人抓取、解析现有的应用程序来处理事务、操纵数据、触发相应事件并与其他数字系统通信的技术应用。企业可实现RPA的基本流程应具备三个关键特征：操作一致、重复执行相同的步骤；模板化驱动，数据以重复的方式输入特定的字段中；基于标准规则操作，允许决策动态大幅度改变。

普华永道（Pricewaterhouse Coopers，PwC）给出的定义：RPA又称digital labor，即"数字化劳动力"。它是一种智能化软件，通过模拟并增强人类与计算机的交互过程，实现工作流程中的自动化。RPA具有对企业现有系统影响小、基本不编码、实施周期短、对非技术的业务人员友好等特性。

毕马威（KPMG）给出的定义：RPA可以定义为AI、机器学习等认知技术在业务自动化中的灵活使用，可以是针对重复性工作的自动化以及高度智能处理的自动化。RPA是数字化的支持性工具，可以替代在此之前认为只有人类才可以完成的工作，或者在高强度的工作中作为人工的补充，是企业组织中出现的新概念劳动力。

阿里云给出的定义：RPA是一款新型工作流程自动化办公机器人软件，通过模拟人工操作实现自动处理流程。它可以将办公人员从每日的重复工作中解放出来，提高生产效率。具体而言，阿里云RPA是基于智能机器人和人工智能的新型办公业务流程自动化产品。

来也给出的定义：RPA是一种软件或平台，根据预先设定的程序，通过模拟并增强人类与计算机的交互过程，执行基于一定规则的大批量、可重复性任务，实现工作流程中的自动化。

达观给出的定义：RPA本质上是一种能按特定指令完成工作的软件，它通过特定的、可以模拟人类在计算机界面上进行操作的技术，按规则自动执行相应的流程任务，代替或辅助人类完成相关的计算机操作。

综合以上观点，对于RPA的理解可归纳为如下三个要点：

第一，RPA并非物理意义上的机器人，而是一种数字化的工作流程解决方案，通过预先设定的规则和逻辑，能够自动执行诸如数据输入、数据处理、文件传输、表单填写等一系列耗时且容易出错的任务。RPA技术综合应用多种信息技术，如屏幕抓取、业务流程自动化、可视化编程，尤其是人工智能技术等，增强人机交互，实现自动化计算、数据存储和业务操作。

第二，RPA技术是一种基于明确规则，模拟人类完成重复性工作的技术。RPA按照人类预定的规则与操作过程模拟人类与计算机的交互，执行工作任务，完成工作流程，对于那些大批量、单一、烦琐的重复性工作尤其适合。

第三，RPA是一种数字劳动力，它与人类员工协同完成工作，形成人机协同新生态。RPA将人类从高强度的、简单、重复性工作中解放出来，从而有更多的时间与精力从事更需智慧性的工作，有利于降低人工操作风险、提升企业运作效率、提高员工的工作满意度。

编者认为，RPA即机器人流程自动化，不仅是一种软件自动化技术，它已经发展成为一种集成了多种高级功能的平台，如图1-1所示。

图1-1 RPA的定义

该技术利用和融合现有各项技术，按照事先规定的流程，模拟人类在不同数字化终端中操作，协助人类自动执行大批量、重复性、规则性强的业务流程。

在利用人工智能和机器学习技术增强功能后，RPA可执行需要认知能力的工作。通过AI工具实现超级自动化，提高业务和IT流程的处理速度。还能处理半结构化和非结构化数据，可视化屏幕识别、理解语音信息、与用户和客户对话等。

RPA还可为员工提供良好的机器人设计体验。非程序员也可以构建和运行机器人，产生的数据和日志可为企业提供深入分析用以洞察商机，助力突破业务瓶颈、优化流程和决策。

如今，RPA已成为数字化流程自动化的先锋工具，广泛应用于金融、制造、医疗、零售等行业领域，为企业带来了显著的效率提升并节约了成本，它将员工从重复性任务中解放出来，让其从事更有价值的工作，实现工作流程自动化以及人机的高效协同。

视频·
RPA机器人的广泛应用

2. RPA的核心功能与特点

机器人流程自动化（RPA）作为当今数字化转型的关键工具之一，正以其独特的功能和显著的特点，深刻改变着企业的运营模式。RPA通过模拟人类用户操作计算机的方式，自动执行重复性高、规则性强的工作流程，不仅提高了工作效率，还降低了人为错误的风险，为企业带来了显著的成本节约和流程优化，是重塑业务流程的自动化利器，RPA的主要功能及特点如图1-2所示。

（1）RPA的核心功能

①流程自动化执行：RPA的核心功能在于能够自动执行预定义的流程任务。无论是简

单的数据录入、文件处理，还是复杂的跨系统数据交互，RPA都能准确无误地完成。这大大减轻了人工操作的负担，使得员工可以将更多精力投入到更有价值的工作中。

图1-2　RPA的主要功能及特点

②数据采集与处理：RPA能够从多个数据源中自动采集数据，并进行初步的处理和转换。这些数据源可以是内部系统（如ERP、CRM等）、外部网站、邮件系统等。RPA通过模拟用户操作，如复制粘贴、点击按钮等，实现数据的自动化提取和整理，为数据分析和决策提供准确、及时的数据支持。

③工作流程协调：在复杂的业务流程中，RPA能够作为中间桥梁，协调不同系统或模块之间的交互。通过预设的规则和逻辑，RPA能够自动触发后续流程，实现流程的自动化流转和监控。这有助于打破信息孤岛，提高业务流程的协同性和效率。

④规则引擎应用：RPA内置了强大的规则引擎，能够根据不同的业务规则对流程进行控制和决策。这些规则可以是基于数据条件的判断、循环迭代、异常处理等。通过规则引擎的应用，RPA能够灵活应对复杂的业务场景，实现流程的智能化处理。

⑤任务分配与管理：RPA还具有任务分配与管理的功能。它可以根据预设的优先级和资源情况，自动将任务分配给合适的执行单元（如其他RPA机器人、人工等）。同时，RPA还能够实时监控任务的执行情况，提供详细的执行报告和日志记录，便于管理者进行监控和追踪。

⑥接口集成：RPA支持多种接口协议和格式，能够轻松实现与不同系统之间的集成。通过API、数据库连接、Web服务等方式，RPA能够与其他系统无缝对接，实现数据的共享和流程的协同。

（2）RPA的特点

①非侵入性：RPA在自动化流程时，不需要修改现有系统的源代码或数据结构。它模拟人类用户的操作行为，通过图形用户界面（GUI）与系统进行交互。这种非侵入性的特点使得RPA能够快速部署和实施，降低了对现有系统的影响和风险。

②灵活性高：RPA的自动化流程可以根据业务需求进行灵活配置和调整。通过简单的编程或配置界面，用户可以根据具体的工作流程定制RPA的任务和规则。这种灵活性使得RPA能够适用于各种复杂的业务场景和流程需求。

③可扩展性强：RPA平台支持多种机器人与流程的部署及其管理。企业可以根据实际需求逐步增加RPA的部署数量和覆盖范围，实现业务流程的逐步自动化和优化。同时，RPA还支持与其他自动化工具和技术的集成，为企业提供更全面的自动化解决方案。

④投资回报快：由于RPA能够迅速提高工作效率和降低人力成本，因此其投资回报往往非常迅速。企业在部署RPA后，可以很快看到效率提升和成本节约的效果，从而实现快速的盈利和增长。

综上所述，RPA以其独特的功能和显著的特点，正成为企业数字化转型的重要驱动力。通过自动化执行重复性高、规则性强的工作流程，RPA不仅提高了企业的运营效率，还降低了人为错误的风险，为企业带来了显著的竞争优势和商业价值。

案例1-1　医学文献问答机器人设计

在医药代表的日常销售工作中，不仅需要向客户提供产品注册证等资质文件，也需要根据具体需求为对方提供更多专业性文献，这些文献不仅数量巨大、渠道众多，还往往分布在内外部不同文献数据库中。针对每条文献需求，工作人员平均需要1~3天的时间进行检索处理，造成巨大人力消耗的同时，对于工作人员的专业判断水平、不同数据库熟悉度也有较高的要求。

为此，搭建了基于知识图谱的医学文献问答机器人（见图1-3），通过构建文献知识图谱，支持通过"一句话"完成文献检索，检索结果包含文字及动态图形，医药代表可以根据需求直接在图形上进行扩展检索，平均获取文献的时间从前文所提的几天缩短至几秒，不仅让业务人员的需求得到了更快的满足，也极大程度地提高了各数据库系统的利用率。信息获取更加高效准确、沟通成本逐步降低。

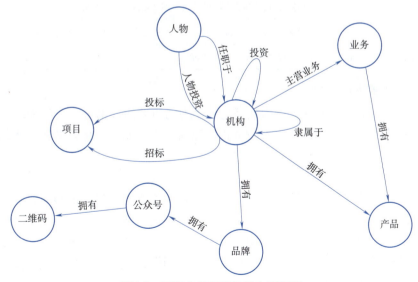

图1-3　医学文献问答机器人流程图

与此同时，持续的数据积累和挖掘又将进一步提升问答机器人的应对能力，让问答机器人的准确性和问题覆盖度得到更好的提升。

项目2 了解RPA机器人应用与发展

1. RPA机器人的应用

RPA机器人的功能丰富多样，主要包括流程自动化执行、数据采集与处理、工作流程协调、规则引擎应用、任务分配与管理以及接口集成等。这些功能使得RPA能够应用于银行、制造、地产、教育、电信、物流、零售、保险、医疗健康、财务等领域，见表1-1。例如，在银行领域，RPA可以自动执行凭证处理、账户结算、税务报告、客户服务等任务；在保险领域，RPA能自动完成客户服务、承保流程、索赔流程、财务会计、赔偿支付、提高数据质量、取消保单等任务。这些应用不仅提高了工作效率，还显著降低了人为错误和运营成本，具体应用见表1-1。

表1-1 RPA机器人的应用

行 业	应 用
银行业	凭证处理、账户结算、税务报告、客户服务、应收账款流程、信用卡处理、抵押贷款处理、账户关闭流程、合规流程、KYC流程、合并报表等
制造业	客户服务、物料清单自动化、物流数据跟踪、采购订单创建与管理、工厂记录管理和报告、发票处理、库存管理、供应商管理、ERP与MES系统整合、数据迁移
地产业	自动退款、共享总账对账、优惠与促销管理、付款转账纠错、银行账户信息更新
教育业	课程注册、出勤管理、评分管理、财务管理、人力管理
电信业	订单管理、客户服务、质量报告、KYC流程
物流业	发货与跟踪、发票处理、采购和库存流程、数据查询、捕获订单处理、自动付款
零售业	促销管理、销售分析、物流管理、供应链管理、账目管理
保险业	客户服务、承保流程、索赔流程、财务会计、赔偿支付、提高数据质量、取消保单
医疗健康业	报告自动化、银行对账、HER系统管理

2. RPA机器人的发展

机器人流程自动化（RPA）作为数字化劳动力的重要组成部分，近年来取得了显著的发展，其应用范围不断扩展，技术不断进化，逐渐成为企业数字化转型和智能化升级的关键工具。

（1）早期发展与成型阶段

RPA的萌芽可以追溯到20世纪90年代末，随着业务流程外包（BPO）的兴起，企业开始寻求更为高效、成本更低、数据更安全的自动化解决方案。然而，直到2015年后，RPA才真正迎来了成型阶段。这一时期，RPA公司获得了风险投资的青睐，形成了当前的产品形态，不仅降低了使用门槛，还提升了可靠性和易用性。RPA不再是一个概念，而是成为一种广泛应用的流程自动化工具。

（2）广泛认可与智能化发展

进入21世纪第二个十年，RPA逐渐被全球企业广泛认可。2019年，RPA被Gartner评为关键技术之一，与人工智能（AI）技术的融合更是拓展了其自动化的深度和广度。这种融合不仅增强了RPA的自动化能力，还使其具备了智能决策和预测能力。RPA不仅能够模拟人类执行重复性、规则明确的任务，还能通过AI技术进行复杂的数据分析和业务决策，大大提高了企业的运营效率。

（3）融合AI的RPA Agent

近年来，随着AI技术的不断进步，RPA与AI的融合达到了新的高度。RPA Agent作为一种新型的RPA产品形态，结合了RPA的自动化能力和AI的智能处理能力，能够执行更为复杂的业务流程。例如，RPA Agent可以通过自然语言处理技术（NLP）理解用户的指令，并自动执行相应的任务；它还可以利用机器学习算法对大量数据进行分析和预测，为企业提供智能决策支持。这种融合不仅提高了RPA的智能化水平，还为企业带来了更多的创新和增长机会。

（4）未来发展趋势

展望未来，RPA行业将继续保持快速发展的势头。一方面，随着超自动化（hyperautomation）概念的提出和推广，RPA将与其他自动化工具和技术相结合，为企业提供端到端的自动化解决方案。另一方面，随着信创政策的推动和国产RPA的崛起，国内外RPA市场的竞争将更加激烈。然而，这种竞争也将促进RPA技术的不断创新和进步。

此外，RPA与AI的融合将越来越紧密。未来，RPA Agent将成为主流产品形态之一，不仅将RPA的自动化能力发挥到极致，还将通过AI技术实现更高级别的智能决策和预测能力。这种融合不仅能提高企业的运营效率和智能化水平，还将为企业带来更多的商业价值和竞争优势。

总之，RPA机器人的发展已经迎来了从自动化到智能化的飞跃。随着技术的不断进步和市场需求的不断扩大，RPA将在企业数字化转型和智能化升级中发挥越来越重要的作用。我们有理由相信，在未来的几年里，RPA行业将继续保持快速发展的势头，为企业带来更加智能、高效的自动化解决方案，RPA发展未来可期。"十四五"时期中国RPA行业发展趋势分析见表1-2。

表1-2 "十四五"时期中国RPA行业发展趋势分析

发展趋势	发展分析
企业新增或替换RPA供应商	到2025年，26%~29%的企业受到业务需求变化或流程自动化实践扩展规划等多维因素影响，将面临新增或替换RPA供应商的问题
厂商竞争与市场分化	未来5年，中国RPA市场将迎来新一轮的竞争角逐，预计到2027年形成阶段性的市场分化格局
企业对任务挖掘或流程挖掘的采纳	到2025年，40%以上的RPA企业用户将在不同程度上采纳任务挖掘或流程挖掘，发挥两项技术的差异化价值，促进流程智能的发展
卓越自动化服务框架	到2027年，中国45%的RPA企业客户将已经构建或正在构建卓越自动化服务框架
API集成的流程自动化	API集成的流程自动化扩展了自动化能力边界，到2024年，约60%的RPA企业用户从供应商提供的这项能力中受益
RPA和生成式AI的集成应用	RPA与生成式AI的集成将构建更卓越的智能自动化能力，到2026年，35%的大型RPA企业用户将利用这项能力提升客户服务效能

续表

发展趋势	发展分析
企业的自动化治理与CoE建设	越来越多的大型企业会将自动化治理纳入RPA实践中不可或缺的一部分，联邦式CoE将会被更广泛地采纳
企业对流程自动化的价值期望	到2027年，45%的RPA企业客户将升级对流程自动化的价值期，同时25%~30%的大型企业将依靠数字孪生组织构建数字化韧性

案例1-2　财务机器人RPA助力高校财务管理

为顺应时代的发展，智能财务开始应用于各个财务场景，为财务领域的技术革新提供了新的途径，也对财务人员提出了更高的要求和挑战。高校财务资金来源复杂、业务种类多、业务数量级较大、财务人员较少，财务处理速度不能适应教职工日益增长的财务报销需求，出现管理效率不高、师生服务满意度欠佳的窘境。

为提高财务处的工作效率、规范工作标准、完善智能财务体系建设、深化智慧财务体系数字化转型，为学校双一流事业发展提供稳定高效的财务服务保障。财务处积极推进财务机器人流程自动化，通过做好识别和梳理RPA可替代人工工作流程、规范科目属性和项目类型的设置、应用场景程序开发等前期工作准备后，正式应用财务机器人RPA，效果较好。

（1）财务与管理现状

学校经费来源包括财政拨款收入、事业收入和其他收入，在过去两年中，年均2万余笔凭证。财务人均制单数量超过了500笔/月，最高时甚至达到了人均1 100笔/月，这给账务核算人员带来了很大的压力。而目前学校信息化管理系统包括财务核算系统、网上申报与查询系统、工资管理系统、个人收入系统、银校互联系统、预算管理一体化系统、收费管理系统、采购管理系统、资产管理系统、合同管理系统、科研管理系统、OA办公系统等。虽然大部分系统已经实现了系统数据共享功能，但仍未实现全流程的财务共享服务，尚有"信息孤岛"情况的存在。

（2）财务机器人概述

财务机器人通过条件判断和循环的方式，提前内置判断条件和循环层次，快速自动处理大量数据。它提供多种信息获取方式，包括元素捕捉、锚点定位、批量数据抓取、数据导入、ChatGPT、OCR文字识别和自然语言处理等，以满足不同类型信息的获取需求。同时，通过建立元素库和图像库实现信息共享，避免重复信息获取，提高工作效率，保证流程简洁。财务机器人还支持处理Excel、PDF、网页、桌面软件、文件、对话框等多种数据形式，且兼容Windows、Android等操作系统版本。为保证流程简洁性，还可以使用调用流程功能，在调试过程中，可以使用断点调试、单步调试、运行日志、try...catch异常事件处理等功能。此外，它可以自动获取信息路径，打破了同一条代码获取信息的唯一性。

（3）设计方案

通过全面梳理学校相关业务流程，结合RPA工作特点，应用初期阶段筛选出两项可由财务机器人代替人工完成的应用场景，分别是网页自助打印劳务预约单据和预算管理一体化系统财政资金支付。

①OA办公系统自助打印劳务预约单据。

学校OA办公系统自助打印劳务预约单据流程为：劳务申报人网上申报单据→生成劳务发放单→将劳务发放单和支撑材料上传至OA办公系统→项目负责人审批→财务人员登录OA办公系统财务模块下载劳务发放单和相关支撑材料→更改打印标识→财务人员审批材料与审批签字是否齐全→若齐全，生成会计凭证/若不齐全，发送短信退回。

应用财务机器人后，由财务机器人代替财务人员自助登录OA办公系统，利用元素捕捉动作点击财务模块，进行批量数据抓取，通过修改index、class等数据属性的方式识别有效位置并循环点击下载，打印劳务发放单和相关支撑材料，自助更改打印标识，直至所有数据循环完毕并关闭网页，最后将下载并已打印完成的文件按照规则进行命名，存放在指定文件夹以便后期查询需要。此过程可由财务人员手动点击财务机器人运行按钮完成，也可设置定时触发器，财务机器人完全自主完成，实现自助打印劳务单据全流程自动化。

②预算管理一体化系统财政资金支付。

预算管理一体化系统财政资金支付工作比较复杂，学校采用过两种方法完成财政资金支付工作。

方法一：出纳人员对照会计凭证的支付信息在预算管理一体化系统中选择对应的支付指标→手动录入单位信息→保存提交→审核人员复核申请信息→审核人员终审申请信息→出纳人员资金支付提交→审核人员复核支付信息→审核人员终审支付信息→出纳人员自助柜面支付/预算管理一体化系统开支票。

方法二：由制单人员在制单过程中选择支付指标对应的财政预算项目代码和银行科目结算方式，可将支付信息推送至银校互联系统，代替出纳人员选择支付指标，出纳人员在银校互联系统中按照会计凭证号点击支付，银校互联系统将支付信息推送到预算管理一体化系统，出纳人员直接根据推送过来的支付信息点击保存提交即可，后续流程与方法一一致。

方法一需要出纳人员选择相应支付指标，要求出纳人员全面掌握我校的项目类型和资金类型，付款压力较大。方法二虽然由制单人员代替出纳人员选择相应支付指标，但是由于财政预算项目代码的编码数量较多且规律性不强，压力转移至制单人员，总体压力和工作量并没有减少。

方法三：应用财务机器人，制单人员无须录入财政预算项目代码，制单完成后，将支付信息从财务系统导出，统一命名文件，放入指定文件夹，点击财务机器人运行按钮，财务机器人根据项目信息和提前匹配的对照表即可自动匹配相应支付指标，并自动生成支付信息模板表格，按既定规则重新命名后存放在指定文件夹，出纳人员只需将支付信息模板表格一键导入预算管理一体化系统即可，后续复核终审等流程与前述方法一致。财务机器人代替财务人员选择支付指标并录入单位支付信息，缓解财务人员付款压力。各方法的对比见表1-3。

表1-3 预算管理一体化系统财政资金支付流程对比

	方法一	方法二	方法三
财务人员		审核财务单据	
财务人员	财务制单（不录入财政预算项目码）	财务制单（录入财政预算项目码）	财务制单（不录入财政预算项目码）
财务人员		复核财务单据	
出纳人员		核对银行支付信息	财务机器人整理支付模板
出纳人员	选择一体化系统支付指标	银校互联系统操作确认后推送至一体化系统	支付模板导入至一体化系统
出纳人员	录入支付信息		
出纳人员		后续审核及支付流程（略）	

（4）实施效果

财务机器人运行一年以来，情况如下：其中OA办公系统自助打印劳务预约单据270套，人工打印一套大约需要8分钟，打印270套单据需要时长36小时。按照8小时工作制计算，相当于节省人工约4.5天；预算管理一体化系统财政资金支付累计录入支付信息约5 000条，人工录入平均6分/条，录入5 000条支付信息所需时长500小时。按照8小时工作制计算，相当于节省人工约62.5天；财务机器人累计为财务部门节省人工共计67天，大大提高了财务处的工作效率和数据处理速度，师生满意度显著上升，成效显著。人工与RPA机器人效果对比见表1-4。

表1-4 人工与RPA机器人效果对比

人工	RPA机器人	对比
传统的人工财务处理模式受财务人员专业水平差异的影响	RPA流程自动化处理消除了人工误差	提升师生满意度，纸质单据的传递不再成为必然
业务标准难以达到统一，业务流程不规范	业务流程规范化、标准化、智能化	为师生的科研教学工作提供了高效高质保障
人工效率低下，业务所需时间较长	RPA流程自动化提高了管理效率，缩短流程时间	真正实现"让信息多跑路，让师生少跑路"的服务理念
业务超时风险较高	降低业务超时风险，同时提高会计信息质量	缩短报销付款流程所需时间，为高校提升工作效率提供了可借鉴的途径
后期审计工作需再次投入大量人力	为后期审计工作提供了可追溯路径	自助支付应用场景缓解了高校资金支付人员压力，将释放出的人力投入到高校财务管理工作中，助力高校财务数字化转型升级

案例1-3　助力数字政府"一件事一次办"

街道办事处作为基层社会治理体系中的重要管理机构，一头连着区（市、县）人民政府，一头连着村（居）委会和群众，是政府"打通服务群众最后一公里"的重要一环。

每一天，都有成千上万条信息需要在街道办事处流转至上级业务部门处理。但由于省级、国家级系统相对独立，相互间缺乏接口，难以互通，成为制约优政惠民的重要难题。

这些难题主要体现于：跨部门数据共享不畅、业务协同相对滞后；多平台反复切换，业务流程烦琐；人工操作工作量大，成本高效率低；可能存在人为出错的风险。审核审批流程图如图1-4所示。

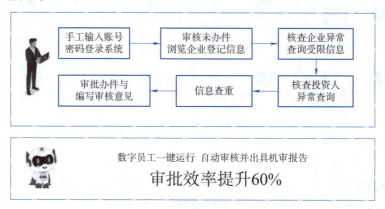

图1-4 审核审批流程图

为提升公共服务质量和水平，提高政务信息共享、政务服务效率，广东省某市街道公共服务办联合市政数局，引入以"RPA+AI+大数据"为核心的RPA，打造了全市首个"政务服务智能化审批辅助系统"。

该系统上线后，破解了人工跨系统重复操作查询核验信息难题，解决人工肉眼核对申请表单及附件材料信息字段一致性问题，同时无须与业务审批系统进行数据对接。

基于此，该市打造了一批24小时在线的"数字公务员"队伍。以往政务服务提速主要集中在申报端，而基于"政务服务智能化审批辅助系统"的"数字公务员"是在审批端提速，更有效地提升业务流程效率，让市民少跑腿、免去重复提交材料的困扰，实现办事"秒报秒批"。

案例1-4 助力政务机构"一网通办"

"政务一网通"关系政务服务工作实效和群众办事体验的基础性工作，是加快转变政府职能的一个关键举措，也是对"放管服"改革的一次提档升级。

各地相关部门都在加快政务服务"一网通办"的部署，但部分地方政务服务中心存在"综合办理窗口"系统和各委办局审批系统数据接口并未打通，常常需要工作人员逐一登录各审批系统进行信息录入操作，工作量大且烦琐，严重影响了群众办事效率，也增加了业务办理出错的风险。

某地区行政审批局，在推进"一网通办"的进程中就遇到了如下几个难题：一是审批局日常业务办理常常会涉及多个系统和平台，导致窗口工作人员在处理大部分事项时需多次填报；二是审批局各委办系统之间未实现数据流通，导致"信息孤岛"的存在；三是系统全面改造，面临改造周期长、投入巨大等痛点。

为了解决这些问题，该局引入了RPA智能办公机器人。RPA智能办公机器人通过自动获取"综窗系统"中的事项数据，根据行政事项审批规则，自动登录该事项对应委办局审批系统，将政务数据自动分发并录入到相关委办局审批系统中，由委办局相关工作人员即时处理，其流程如图1-5所示。

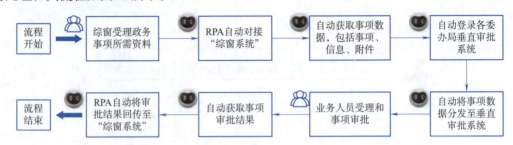

图1-5 RPA智能办公机器人政务数据录入流程示意图

在业务人员完成政务事项审批之后，RPA机器人自动获取审批结果或处理意见，并将该审批结果自动填入到政务中心"综窗系统"中，实现审批结果的及时获取和反馈。

RPA智能办公机器人，有效促成了该局政务"一网通办"的建成，解决了"信息孤岛"问题，减少了工作人员手动进行二次录入，缓解政务窗口人员的工作压力，大幅提高政务办事效率和准确性，群众满意度提升。

拓展训练：主流RPA工具比较

2024年最受欢迎的RPA工具包括UiPath、Automation Anywhere和八爪鱼RPA。这些工具在市场上备受关注，各自拥有独特的特点和优势。

UiPath是一款易于使用且功能丰富的RPA平台，提供了强大的流程设计和自动化功能，适用于不同规模和行业的企业。该工具以其直观的用户界面和灵活性而著称，能够满足各种复杂任务的执行需求，UiPath下载页面如图1-6所示。

图1-6 UiPath下载页面

Automation Anywhere是另一款领先的RPA解决方案，提供了全面的自动化功能，支持多种任务自动化。该平台还拥有强大的分析和监控工具，能够帮助企业更好地管理和优化自动化流程，Automation Anywhere下载页面如图1-7所示。

图1-7　Automation Anywhere下载页面

八爪鱼RPA则以其高效的数据处理能力和灵活的集成选项而受到欢迎。它能够快速适应企业的需求变化，并提供稳定的自动化执行环境八爪鱼，其下载页面如图1-8所示。

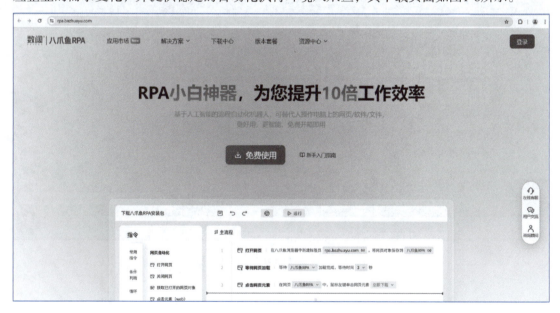

图1-8　八爪鱼RPA下载页面

除了上述工具，还有一些值得关注的产品，如实在智能的实在Agent和来也科技的AI Agent数字员工。这些产品将人工智能与自动化深度融合，具备强大的智能识别和决策能力，广泛应用于金融、电信、制造、医疗等行业，如图1-9和图1-10所示。

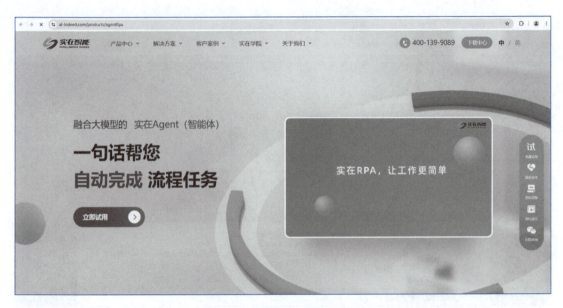

图1-9 实在智能的实在Agent

图1-10 来也科技的AI Agent数字员工

模块 2 初识 UiBot

知识目标
◎ 理解流程概念。
◎ 理解流程块概念。
◎ 理解命令概念。
◎ 理解属性概念。
◎ 了解流程视图、可视化视图、源代码视图。

能力目标
◎ 能够创建流程。
◎ 能够添加流程块。
◎ 能够添加命令。
◎ 能够更改属性。
◎ 能够保存并运行流程。

素养目标
◎ 接受并使用数字化劳动力的意识。
◎ 使用国产软件的意识。

知识准备

UiBot 是一种 RPA 平台，它主要由 UiBot Creator、UiBot Worker 和 UiBot Commander 三部分组成，分别负责机器人流程自动化项目的开发、运行和控制。由 UiBot Creator 制作出流程后，直接打包分发给 UiBot Worker 使用，UiBot Commander 不需要参与；如果需要大量的计算机运行流程，比较合适的方式是 UiBot Creator 把流程先上传到 UiBot Commander，再由 UiBot Commander 统一下发给各个 UiBot Worker，并统一指挥它们运行流程。

一个机器人流程包含多个流程块，一个流程块包含多个命令，一个命令包含多个属性。其中有四个基本概念：流程、流程块、命令和属性。

视频
初识UiBot

1. 流程

流程是指要用UiBot完成的一项任务，一项任务对应一个流程。虽然可以用UiBot陆续建立多个流程，但同一时刻，只能编写和运行一个流程。在使用UiBot Worker和UiBot Commander时，也是以流程为基本单元来使用的。UiBot中的流程都是采用流程视图的方式显示的。

在流程视图中，包含了一系列"组件"，其中最常用的是"流程开始""流程块""判断""流程结束"四个组件。用鼠标把一个组件从左边的"组件区"拖到中间空白的"画布"上，即可新建一个组件，比如新建一个流程块等。在画布上的组件边缘上拖动鼠标，鼠标的形状会变成一个十字形，可以为组件之间设置箭头连接。把多个组件放在一张画布上，用箭头把它们连起来，则构成一张流程图，如图2-1所示。

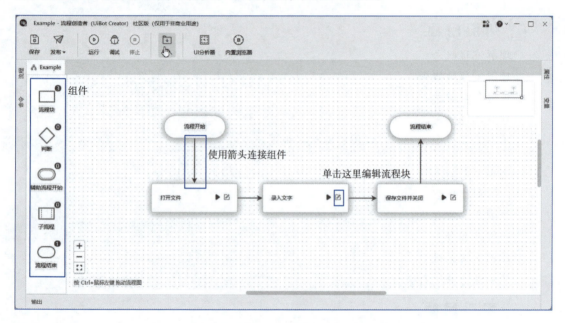

图2-1　流程图

每个流程图中必须有一个且只能有一个"流程开始"组件，但可以有一个或多个"流程结束"组件，流程一旦运行遇到"流程结束"组件就会停止运行。流程图中必须有一个或多个"流程块"。

2. 流程块

可以把一项任务分为多个子任务来完成，其中的每个子任务，在UiBot中用一个"流程块"来描述。在UiBot中，一个流程块只是大体上描述了要做的事情，而暂时不涉及如何去实现的细节。流程块可以很粗，甚至一个流程里面甚至可以只有一个流程块，在这种情况下，流程和流程块实际上可以看作同一概念；流程块也可以很细，把一个流程拆分成很多流程块。一般把相对比较独立的流程逻辑放在一个流程块中。

每个流程块上还有一个形状类似于"纸加笔"的按钮，单击该按钮，可以查看和编写该流程块中的具体内容，UiBot的界面会从"流程视图"切换到"可视化视图"。"可视化视图"从左到右分别是命令区、组装区、属性区，如图2-2所示。

图2-2　可视化视图

3. 命令

命令是指在一个流程块中需要告知UiBot具体每一步该做什么动作、如何去做。UiBot会遵循命令去自动执行。UiBot能完成的所有命令几乎都分门别类地列在左侧的"命令区"，包括模拟鼠标、键盘操作，对窗口、浏览器操作等类别。可以拖动命令添加到"组装区"，在这里进行排列组合，形成流程块的具体内容；也可以在"组装区"拖动命令，调整它们的先后顺序，或者包含关系。

命令是开发者要求UiBot做的一个动作，但只有命令还不够，还需要给这个动作添加实施的细节，即属性设置。

4. 属性

在编写流程块时，只需要在"组装区"单击某条命令，将其置为高亮状态，右边的"属性区"即可显示当前命令对应的属性。属性包含"必选"和"可选"两大类。UiBot会自动设置每个属性的默认值，其中"必选"属性可能需要进行修改。

"组装区"上面有一个可以左右拨动的开关，左右两边的选项分别是"可视化"和"源代码"，默认是在"可视化"状态。切换到"源代码"状态。采用这种方式展现的组装区称为"源代码视图"，如图2-3所示，视图以程序代码的形式展现当前流程块中所包含的命令，以及每条命令的属性。

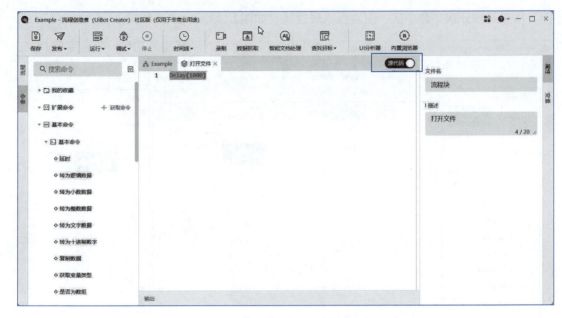

图2-3　源代码视图

项目 1　下载安装注册 UiBot

情境导入

作为一名职场新人，袁明刚进入一家餐饮外卖公司兼职客户经理。每天面对烦琐的重复性任务，如计算、数据录入等，袁明意识到提升工作效率、高效完成任务至关重要。这时，公司建议他使用一款名为UiBot的流程自动化软件，通过它可以轻松完成日常的枯燥任务。

项目描述

下载、安装UiBot。

项目实施

1. 注册并登录

登录UiBot官网（见图2-4），单击"下载流程创造者（Uibot Creator）"按钮，打开登录界面，如图2-5所示，注册并完成登录。

2. 下载 UiBot

根据计算机配置，选择软件版本并点击下载，例如，选择Windows x64（64位）UiBot社区版6.0.1版，如图2-6所示。

模块 2　初识 UiBot

图2-4　登录网站

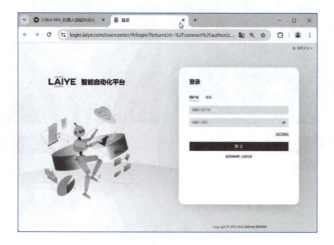

图2-5　注册登录

图2-6　下载软件

3．安装 UiBot

双击运行 UiBot 安装文件，打开安装向导，勾选"我已阅读并知晓用户协议"复选框，单击"同意"按钮，如图2-7所示。

19

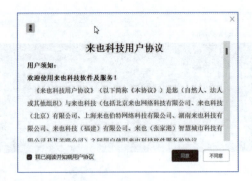

图2-7　同意协议

根据安装向导,单击"立即安装"按钮,如图2-8所示,安装完成后单击"完成"按钮,如图2-9所示。

图2-8　立即安装　　　　　　　　　图2-9　完成安装

4. 启动 UiBot Creator

选择以管理员身份运行UiBot Creator,打开UiBot工作界面,如图2-10所示。

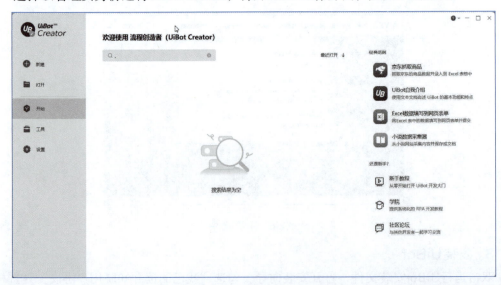

图2-10　启动UiBot Creator

项目 2　创建一个简单机器人

情境导入

袁明同学刚刚加入了一家餐饮外卖公司兼职客户经理。第一天的任务是熟悉UiBot软件。团队主管希望他快速掌握UiBot工具的基本操作，比如创建一个新项目、添加流程块和执行任务。作为自动化开发的新手，掌握工具的基本功能是关键，那么袁明同学的第一个简单流程自动化机器人该如何创建呢？本项目将帮助学习者轻松进入编程环境。

项目描述

创建一个简单的机器人，打开记事本，写入"Hello World"，保存后关闭。

项目实施

任务1　一个简单机器人设计

RPA机器人模拟人工操作步骤，具体见表2-1。

表2-1　人工操作步骤

步骤	流程描述	机器人/人工
1	打开记事本文件	机器人
2	输入内容	机器人
3	保存	机器人
4	关闭记事本文件	机器人

根据指令设计思路，设计操作流程图如图2-11所示。

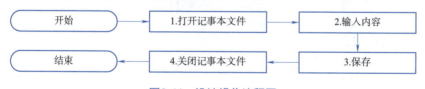

图2-11　设计操作流程图

任务2　一个简单机器人开发

1．开发操作准备

启动UiBot Creator，选择"新建"选项，在弹出的"新建"对话框中更改"名称"为"简单机器人"，并选择项目存放位置，如D:\，单击"创建"按钮完成项目创建，如图2-12所示。

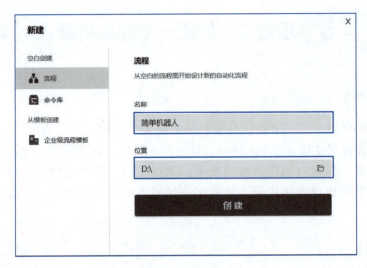

图2-12 新建流程

打开"简单机器人"项目,在编辑区选中"流程块",在属性中更改"文件名"为"简单流程",更改"描述"为"简单流程",如图2-13所示。单击流程块上的编辑图标按钮,进入可视化视图界面,如图2-14所示。在可视化视图中,可以从左侧命令区拖动或双击命令完成命令的添加,例如,添加一条"注释"命令;在右侧的属性区设置属性,例如,更改属性"注释内容"为"1.打开记事本文件"。

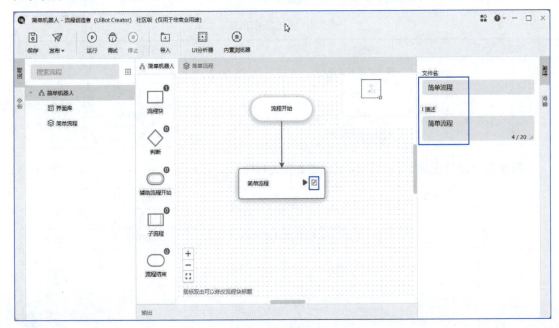

图2-13 新建流程块

项目创建完成后,可以在"D:\简单机器人"文件夹下看到"简单机器人"项目相关文件,如图2-15所示。打开res文件夹,新建一个记事本文件note.txt,如图2-16所示。

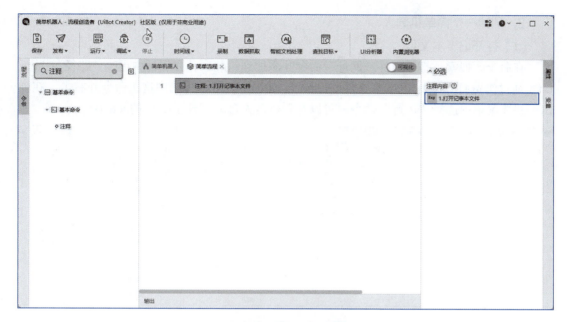

图2-14　流程块编辑界面

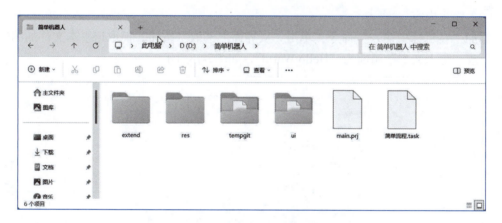

图2-15　"简单机器人"项目文件夹

图2-16　新建文本文档

2. 创建一个简单机器人

（1）打开记事本文件

在命令区搜索"打开文件或网址"命令并添加到组装区，在属性中更改"路径"：note.txt（通过浏览打开res中记事本文件note.txt），如图2-17所示。选中这条命令并右击，在弹出的快捷菜单中选择"运行"命令，可以看到机器人自动打开了res中的note.txt。

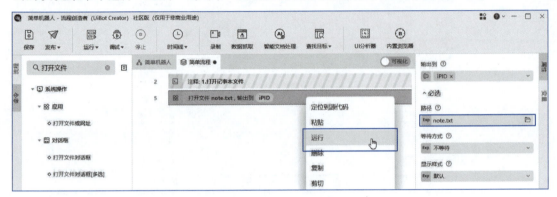

图2-17 打开文件命令

（2）输入内容

添加"在目标中输入"命令，单击"从界面上选取"按钮，抓取记事本文件的编辑窗口，更改"写入文本"属性为"Hello World"，如图2-18所示。

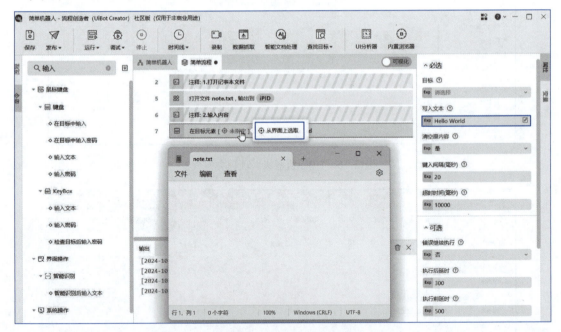

图2-18 在目标中输入命令

（3）保存

添加"模拟按键"命令，更改"模拟按键"属性为S，更改"辅助按键"属性为Ctrl，更改"按键类型"属性为按下，如图2-19所示。

图2-19　模拟存盘

（4）关闭记事本文件

添加"模拟按键"命令，更改"模拟按键"属性为F4，更改"辅助按键"属性为Alt，如图2-20所示。

图2-20　模拟关闭

任务3　一个简单机器人应用

1. 保存机器人

完成开发后，可视化界面展示如图2-21所示，利用"运行所选行"按钮可以单步运行命令，实现流程的逐步调试。

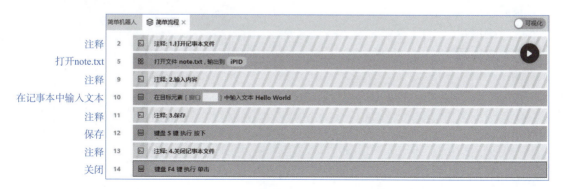

图2-21　开发后的可视化界面

2. 保存流程块并运行

①退出流程块。退出流程块编辑状态后保存，如图2-22所示。

图2-22 保存界面

②保存流程并运行。添加"流程结束"流程块，连接后单击"保存""运行"按钮，如图2-23所示。

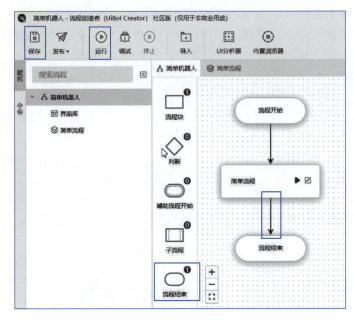

图2-23 保存并运行

项目重难点总结

重点：
①新建项目。
②新建流程块。
③保存项目并运行。

难点：
①添加命令。
②设置命令对应的属性。

测评与练习

1. 知识测评

在进行本项目学习实操之后，完成以下填空题以巩固相关知识点。

①在"一个简单机器人"项目中，在记事本中输入指定的内容，可以使用的命令是_____。

②在"一个简单机器人"项目中,关闭记事本文件需要使用模拟按键命令,在属性设置中,"模拟按键"为_____,"辅助按键"为_____,"按键类型"为_____。

2. 能力测评

按表2-2中所列的操作要求,对自己完成的项目部分进行检查,操作完成得满分,未完成或错误得0分。

表2-2 技能测评表

序号	流程开发任务	分值	是否完成	自评分
1	新建项目	10		
2	新建流程块	10		
3	打开记事本文件	20		
4	输入内容	30		
5	保存	10		
6	关闭记事本文件	10		
7	保存并运行项目	10		
总分				

3. 素质测评——课后拓展训练

作为新入职成员,需要更好地熟悉UiBot的基本操作。请创建一个项目,设计开发一个"计算1+1的机器人",自动完成启动系统计算器文件calc.exe,并计算1+1输出结果,最后关闭计算器的流程。

模块 3
客户端应用自动化

知识目标

◎了解RPA的基本概念、工作原理，理解通过RPA优化流程的重要性。
◎熟悉流程设计的基本步骤。
◎熟悉UiBot软件的基本功能与界面。
◎了解常见的客户端流程场景。

能力目标

◎能够针对具体的客户端应用场景，分析工作流并设计自动化流程。
◎能够在实际项目中应用UiBot完成自动化任务，确保其能够正常运行。
◎能够在多种客户端应用程序（如本地软件等）中实施流程自动化。

素养目标

◎培养严谨的逻辑思维能力。
◎提升自动化思维，培养学生对业务流程的敏感度。
◎树立对于数据安全、合规性和隐私保护的责任意识，尤其是处理涉及敏感信息的客户端应用。
◎加强自主学习与创新能力。
◎培养学生在RPA项目中的团队协作能力，尤其是在与业务人员和IT团队合作时的沟通能力。

知识准备

利用UiBot开发客户端应用自动化程序时，常用的命令包括：基本命令、鼠标键盘、界面操作、系统操作等，以下是本模块涉及的相关命令。

视频
客户端应用
自动化相关
命令介绍

1. 基本命令

（1）"注释"命令

在UiBot的代码中，可以使用"注释"命令后跟随文本。这个文本不会被程序执行，仅用于说明和解释代码的作用。在复杂的自动化脚本中，可以使用注释解释每一段代码的功能，使其他开发者更容易理解代码的逻辑。在团队开发中，注释可以帮助团队成员了解彼此的代码，确保整个项目的顺利进行。

【例3-1】"注释：打开微信安装程序"命令：该命令提示开发者下面代码的作用，属性中更改"注释内容"为"打开微信安装程序"，如图3-1所示。

图3-1 注释

（2）"延时"命令

设置脚本执行中的暂停时间，允许程序在执行下一步操作之前等待一段指定的时间。这对于确保在执行后续操作之前，窗口、控件或应用程序有足够的时间加载。

【例3-2】"等待10000毫秒后继续运行"命令：通过该命令，程序会暂停10 s，然后继续执行接下来的任务，属性中更改"延时（毫秒）"为"10000"，如图3-2所示。

图3-2 延时

（3）"变量赋值"命令

用于给变量赋值。默认变量名称为temp，值为空。

【例3-3】"令temp的值为Hello World"命令：将变量temp赋值为字符串"Hello World"，属性中更改"变量值"为"Hello World"，如图3-3所示。

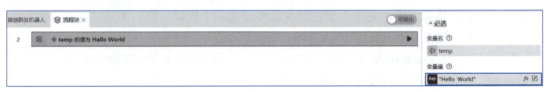

图3-3 变量赋值

（4）"输出调试信息"命令

在UiBot中用来在控制台输出调试信息，这对于开发者调试自己的脚本非常有用。

【例3-4】"向调试窗口输出：temp"命令：将变量temp的值输出到控制台，属性中更改"输出内容"为temp，如图3-4所示。

图3-4 输出调试信息temp

【例3-5】"令temp的值为['A','B','C']"命令：将一维数组['A','B','C']赋值给temp，即更改

属性中"变量值"为"['A','B','C']"。如果通过调试窗口访问temp[2]，控制台将返回C，如图3-5所示。

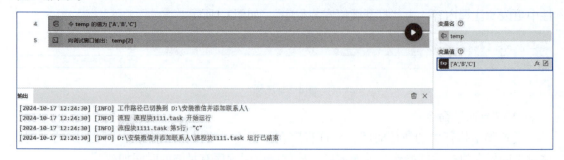

图3-5　输出调试信息temp[2]

（5）"如果条件成立"命令

一个控制流程的命令，它允许在满足特定条件时执行一系列操作，使用该命令可以建立一个条件分支。

【例3-6】"根据条件判断，如果a=1则"命令：当a=1时，输出调试信息"是"；否则，输出调试信息"不是"，如图3-6所示。

图3-6　如果条件成立

（6）"依次读取数组中的每个元素"命令

一个循环结构的命令，在UiBot中，该命令可以用来遍历数组或列表中的每个元素。首先需要定义一个数组，然后使用"依次读取数组中的每个元素"命令遍历数组。

【例3-7】"用value遍历数组['U','i','b','o','t']"命令：系统运行时会将数组中的每个元素返回给value，可以利用调试命令输入value的值，如图3-7所示。

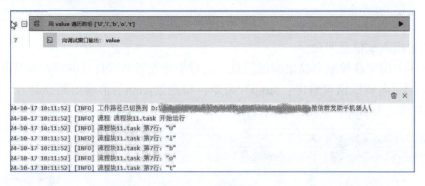

图3-7　遍历数组

2. 鼠标键盘命令

（1）"点击目标"命令

通过模拟鼠标点击操作来实现，该命令主要用于在自动化流程中模拟用户点击操作，如点击窗口、按钮或其他界面元素。

【例3-8】"鼠标点击目标[按钮_关闭]"命令：该命令模拟点击一个浏览器的"关闭"

按钮，关闭浏览器。

【例3-9】"鼠标点击目标[可编辑文本_地址和搜索栏]"命令：该命令模拟将鼠标指针（焦点）落在浏览器的搜索栏中，以便输入文本，如图3-8所示。

图3-8 点击目标

（2）"模拟按键"命令

模拟在计算机键盘上的按键操作，该命令允许用户在不直接控制键盘的情况下，通过编程的方式模拟键盘输入。

【例3-10】"键盘C键执行 按下"命令：该命令可以实现赋值内容的功能，属性中更改"模拟按键"为C，"模拟类型"为"按下"，"辅助按键"为Ctrl，如图3-9所示。

图3-9 模拟按【Ctrl+C】组合键（复制）

（3）"在目标中输入"命令

用于在特定的界面元素中输入文本。例如，在网页元素、文本框或其他界面元素中输入文字。

【例3-11】"在目标元素[可编辑文本_地址和搜索栏]中输入文本 淘宝"命令：该命令可以将鼠标焦点定位到浏览器的搜索栏中，并输入文字。属性中更改"写入文本"为"淘宝"，"目标"从浏览器的搜索栏中选取，如图3-10所示。

图3-10 在目标中输入

（4）"输入文本"命令

用于模拟键盘输入，可以在自动化流程中实现按键操作，常用于填写表单或输入框。

【例3-12】"键盘输入D:\Program Files"命令：该命令可以在一个文本框中输入文本，更改"输入内容"属性为"D:\Program Files"，如图3-11所示。

图3-11 输入文本

3. 界面操作命令

"判断元素是否存在"命令：检查一个界面元素是否存在于当前界面上。判断元素是否存在，如果元素存在，返回true，如果元素不存在，返回false。这种命令确保了操作的准确性，因为只有在确认元素存在时，后续的操作才会执行，从而避免了因元素不存在而导致的错误或异常。

【例3-13】"判断元素[可编辑文本_地址和搜索栏]是否存在，输出到bRet"命令：该命令判断浏览器的搜索栏是否存在，如果存在输出一个布尔型变量bRet，如图3-12所示，通过输出调试信息可以看到bRet的值。

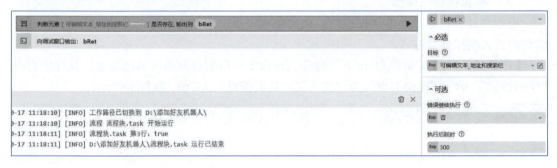

图3-12　判断元素是否存在

4. 系统操作命令

"打开文件或网址"命令：用于打开指定的文件。用户可以通过该命令打开各种类型的文件，包括文本文件、可执行文件等，由"路径"属性指定打开文件的路径。

【例3-14】"打开文件WeChatSetup.exe，输出到iPID"命令：可以自动打开微信安装程序，如图3-13所示。

图3-13　打开文件

这些常用命令可以通过UiBot平台方便地实现客户端应用的自动化操作，有助于提高工作效率，减少人为干预。

项目1　安装微信机器人

情境导入

计算机版微信是客户端流程自动化的一个典型应用场景。通过自动化工具UiBot，可以实现在客户端安装微信等操作的流程自动化。对于企业、学校，自动化安装微信可以提高效率，减少人为错误，特别是有固定模式安装向导的情况下。这种流程自动化的实践，可以帮助学生了解如何应用技术优化常用软件的使用流程，拓宽他们对自动化在不同场景下应用的认识。

项目描述

利用微信安装程序，将微信Windows版自动安装到指定目录下，并启动微信，打开登录界面以便扫码登录。

项目实施

任务1　安装微信机器人设计

RPA机器人模拟人工操作步骤，具体见表3-1。

表3-1　安装微信Windows版的人工操作步骤

步骤	流程描述	机器人/人工
1	打开微信安装程序	机器人
2	更改安装路径	机器人
3	同意并确认安装	机器人
4	启动微信应用程序	机器人
5	人工扫码登录	人工

根据指令设计思路，设计操作流程图如图3-14所示。

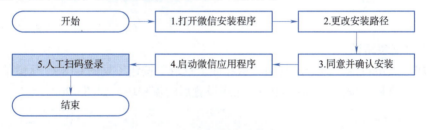

图3-14　设计操作流程图

任务2　安装微信机器人开发

1. 开发操作准备

新建流程"安装微信"，如图3-15所示，并将安装程序WeChatSetup.exe存放在流程文件夹res目录下。确保计算机中并未安装微信。

2. 创建安装微信机器人

（1）打开微信安装程序

①添加"打开文件或网址"命令，更改"路径"属性为WeChatSetup.exe，启动微信安装程序，如图3-16所示。

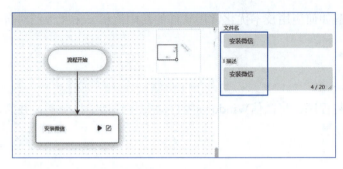

图3-15　新建流程

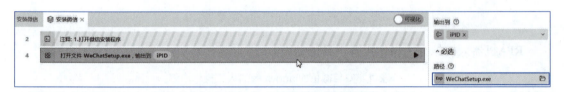

图3-16　打开文件或网址

②启动后，安装程序需要解压缩，需要设置等待时间，所以继续添加"延时"命令，更改"延时（毫秒）"属性为50000，其中50000为参考值，如图3-17所示。

图3-17　延时等待

（2）更改安装路径

①添加"点击目标"命令，利用"从界面上选取"按钮（见图3-18），从微信安装界面上选择"安装路径"按钮（见图3-19），完成设置后的流程块，如图3-20所示。

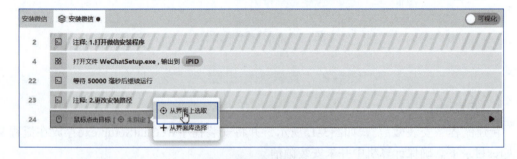

图3-18　从界面上选取

②添加"点击目标"命令，将鼠标放于"浏览"文本框中，如图3-21所示，用来修改安装路径。

③添加"模拟按键"命令，模拟输入全选功能键，更改"模拟按键"属性为A，更改"辅助按键"属性为Ctrl，更改"点击类型"属性为"单击"，如图3-22所示。

模块 3　客户端应用自动化

图3-19　点击目标命令

图3-20　点击目标

图3-21　浏览文本框

图3-22　模拟按【Ctrl+A】组合键（全选）

④添加"模拟按键"命令，模拟删除功能键，更改"模拟按键"属性为Delete，其他

35

按默认值，如图3-23所示。

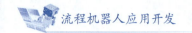

图3-23 模拟按【Delete】键（删除）

⑤添加"输入文本"命令，输入修改后的安装路径，更改"输入内容"属性为"D:\Program Files"，如图3-24所示。更改后的微信安装界面如图3-25所示。

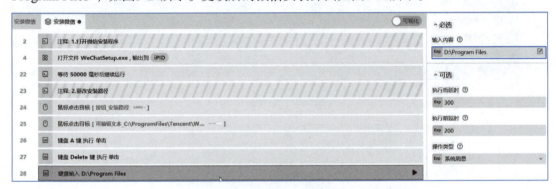

图3-24 输入路径

图3-25 更改路径

（3）同意并确认安装

①添加"点击目标"命令，利用"从界面上选取"按钮，从界面上选择"我已阅读并同意服务协议"复选框，属性设置如图3-26所示。

②添加"点击目标"命令，从界面上选择"安装"按钮，属性设置如图3-27所示，完成点击按钮操作。

图3-26　点击复选框

图3-27　点击安装

③添加"延时"命令,更改"延时(毫秒)"属性为10000,其中10000为参考值,等待安装,如图3-28所示,系统开始安装微信,如图3-29所示。

图3-28　延时等待

(4)启动微信应用程序

安装过程结束,如图3-30所示。添加"点击目标"命令,利用"从界面上选取"按钮,从界面上选择"开始使用"按钮,结束安装过程,启动微信,如图3-31所示。

图3-29　安装中

图3-30　安装完成

图3-31　点击开始使用

（5）人工扫描登录

启动微信后，通过人工手机扫描即可登录微信应用程序，打开微信应用程序界面。

任务3　安装微信机器人应用

1. 保存机器人

完成开发后，可视化界面如图3-32所示。

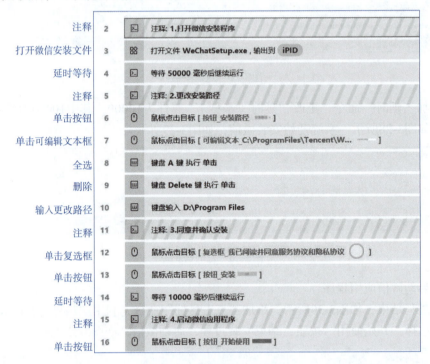

图3-32　开发后的可视化界面

2. 保存流程块并运行

① 退出流程块。退出流程块编辑状态后保存，如图3-33所示。

图3-33　保存界面

② 保存流程并运行。添加"流程结束"流程块，连接后单击"保存""运行"按钮，如图3-34所示。

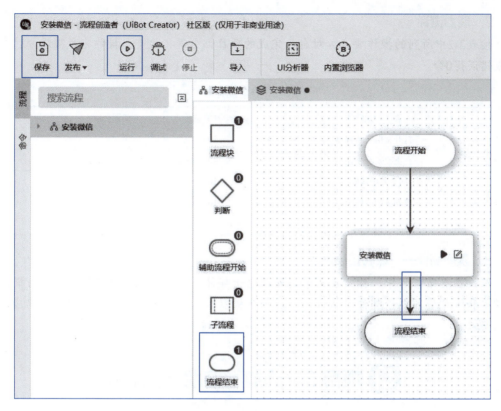

图3-34 保存流程并运行界面

项目重难点总结

重点：
①打开应用程序操作。
②模拟按键操作。
③键盘输入操作。
④鼠标点击目标操作。

难点：
①鼠标点击目标操作。
②模拟组合键操作。

测评与练习

1. 知识测评

在进行本项目学习实操之后，完成以下填空题以巩固相关知识点。
①在"安装微信"项目中，RPA机器人首先执行的步骤是_____。
②模拟键盘输入全选功能键【Ctrl+A】时，除了设置模拟按键属性为_____；还要设置辅助按键属性为_____。
③延时命令中的10 000毫秒等于_____秒。

2. 能力测评

按表3-2中所列的操作要求，对自己完成的项目部分进行检查，操作完成得满分，未完成或错误得0分。

表3-2 技能测评表

序号	流程开发任务	分值	是否完成	自评分
1	打开微信安装程序	20		
2	更改安装路径	40		
3	同意并确认安装	30		
4	启动微信应用程序	10		
总分				

3. 素质测评——课后拓展训练

假设在日常工作中，你需要频繁地处理电子邮件、集中管理和组织邮件等，为提高工作效率和方便管理电子邮件，请设计开发一个机器人，自动完成网易闪电邮客户端应用程序的安装。

项目 2 添加微信朋友机器人

情境导入

大学生走出校门接触社会、了解社会、积累社会经验是非常有必要的。兼职不仅能够帮助大学生提升职业素养、积累社会经验，还能帮助他们更好地适应社会环境和职业市场，提高实践能力和工作经验，增强创造力和问题解决能力。暑假期间，袁明同学来到一家餐饮外卖公司兼职客户经理，需要利用微信对客户进行管理。

项目描述

在微信应用程序中，根据手机号码查找联系人是否存在，如果存在，按照指定内容发送添加朋友的申请。

项目实施

任务1 添加微信朋友机器人设计

RPA机器人模拟人工操作步骤，具体见表3-3。

表3-3 添加微信朋友人工操作步骤

步骤	流程描述	机器人/人工
1	打开微信客户端	人工

续表

步骤	流程描述	机器人/人工
2	搜索微信联系人	机器人
3	判断是否能添加到通讯录	机器人
4	发送添加申请	机器人

根据指令设计思路，设计操作流程图如图3-35所示。

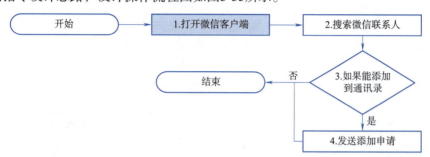

图3-35　设计操作流程图

任务2　添加微信朋友机器人开发

1. 开发操作准备

新建流程"添加一个微信朋友"，如图3-36所示。确保打开微信客户端应用程序。

图3-36　新建流程

2. 创建添加一个微信朋友机器人

（1）人工打开微信应用程序并登录

（2）搜索微信联系人

①添加"在目标中输入"命令，利用"从界面上选取"按钮，抓取微信界面左上方的搜索框，如图3-37所示，更改"写入文本"属性为一个手机号码，如图3-38所示。

图3-37　微信搜索框

②添加"点击目标"命令，利用"从界面上选取"按钮，抓取微信界面上"网络查找

手机/QQ号码"窗格,如图3-39所示,完成设置后的流程块如图3-40所示。

图3-38 在目标中输入

图3-39 网络查找手机

图3-40 点击目标

③添加"延时"命令,更改"延时(毫秒)"属性为1000。

(3)如果能添加到通讯录

①添加"判断元素是否存在"命令,利用"从界面上选取"按钮,在界面上抓取"添加到通讯录"按钮,如图3-41所示,判断结果将保存在布尔变量bRet中,如图3-42所示。

图3-41 添加到通讯录

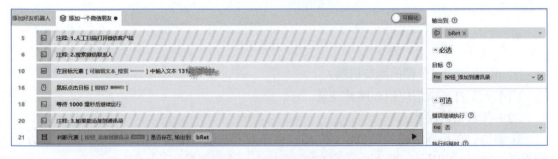

图3-42 判断元素是否存在

注意:当弹出窗口上的元素难抓取时,通过功能键【F2】可以实现延迟功能,帮助抓取难以直接选取的弹出窗口或下拉菜单。

②添加"根据判断条件"命令,如果bRet值为true,则执行接下来的操作,如图3-43所示。

③添加"点击目标"命令,利用"从界面上选取"按钮,抓取"添加到通讯录"按

钮，如图3-44所示，打开"申请添加朋友"窗口。

图3-43　根据条件判断

图3-44　鼠标点击按钮

（4）发送添加申请

①添加"点击目标"命令，利用"从界面上选取"按钮，抓取"发送添加朋友申请"文本框窗格，如图3-45所示。完成设置后的流程块如图3-46所示。

图3-45　申请添加朋友窗口

②添加"模拟按键"命令，模拟输入全选功能键，更改"模拟按键"属性为A，更改"辅助按键"属性为Ctrl，更改"按键类型"属性为"按下"。

③添加"模拟按键"命令，模拟删除功能键，更改"模拟按键"属性为Delete，其他按默认值。

图3-46 鼠标点击窗格

④添加"输入文本"命令,输入申请添加朋友的内容,更改"输入内容"属性为"我是"食为鲜"的产品经理袁明",完成设置后的流程块如图3-47所示。

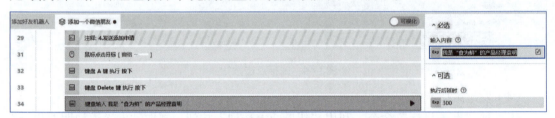

图3-47 输入文本

⑤添加"点击目标"命令,利用"从界面上选取"按钮,抓取"确定"按钮,完成朋友添加。

任务3　添加微信朋友机器人应用

1. 保存机器人

完成开发后,可视化界面展示如图3-48所示:

图3-48 开发后的可视化界面

2. 保存流程块并运行

①退出流程块。退出流程块编辑状态后保存，如图3-49所示。

图3-49　保存界面

②保存流程并运行。添加"流程结束"流程块，连接后单击"保存""运行"按钮，如图3-50所示。

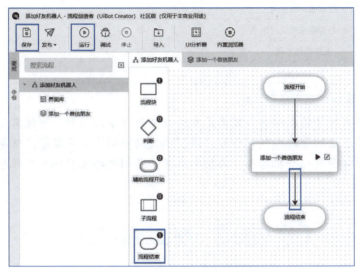

图3-50　保存流程并运行界面

项目重难点总结

重点：
①判断元素是否存在操作。
②根据条件判断操作。

难点：
①鼠标点击目标操作。
②模拟组合键操作。
③根据条件判断操作。

测评与练习

1. 知识测评

在进行本项目学习实操之后，完成以下填空题以巩固相关知识点。
①在"添加微信朋友"项目中，在文本框中输入指定的内容，可以使用的命

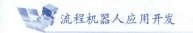

令是_____。

②判断界面中的指定元素是否存在,如果存在,布尔变量bRet的值为_____;否则,布尔变量bRet的值为_____。

2. 能力测评

按表3-4中所列的操作要求,对自己完成的项目部分进行检查,操作完成得满分,未完成或错误得0分。

表3-4 技能测评表

序号	流程开发任务	分值	是否完成	自评分
1	打开微信客户端	10		
2	搜索微信联系人	20		
3	判断是否能添加到通讯录	40		
4	发送添加申请	30		
	总分			

3. 素质测评——课后拓展训练

假如你从事市场营销或销售,尤其是在进行邮件营销活动时,可能需要将潜在客户或现有客户的邮件地址批量添加到邮件客户端,以便向他们发送产品推广信息、优惠通知或新闻简报。请设计开发一个机器人,自动完成在网易闪电邮客户端应用程序中添加多个联系人的工作。

项目3 群发微信机器人

情境导入

袁明同学在课余时间兼职一家餐饮外卖公司的客户经理。在中秋佳节到来之际,为弘扬传统文化,营造浓厚的节日氛围,餐饮公司推出了中秋特色菜品。需要制作一个微信群发机器人,将节日问候、优惠详情等信息发送给多个客户。传统的微信群发功能发送信息是完全相同内容,接收人很容易将此类信息判断为简单的复制而将信息忽略。从客户管理的角度,没有对客户个性化信息的体现,比较缺乏诚意;另外,根据新老客户的不同级别,群发信息应列明给予不同客户的优惠程度,方便客户做出选择。

项目描述

制作一款"微信群发"机器人,实现个性化推荐信息群发功能。

项目实施

任务1 群发微信机器人设计

RPA机器人模拟人工操作步骤,具体见表3-5。

表3-5 群发微信人工操作步骤

步骤	流程描述	机器人/人工
1	定义数组变量并初始化	机器人
2	依次读取数组中的每个元素	机器人
3	搜索联系人	机器人
4	输入信息并发送	机器人

根据指令设计思路，设计操作流程图，如图3-51所示。

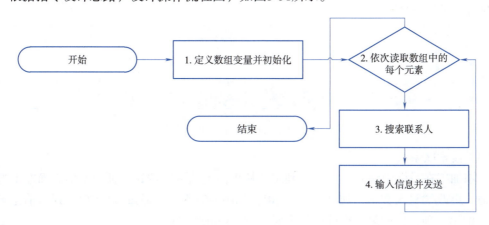

图3-51 设计操作流程图

任务2 群发微信机器人开发

1. 开发操作准备

新建流程"群发消息"，如图3-52所示。确保打开微信客户端应用程序。

2. 创建群发微信机器人

（1）定义数组变量并初始化

添加"变量赋值"命令，为变量temp赋值，在属性中更改"变量值"为一个二维数组，内容如图3-53所示，完成设置后的流程块如图3-54所示。

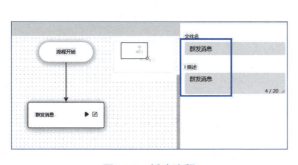

图3-52 新建流程

图3-53 temp赋值

图3-54　变量赋值

（2）依次读取数组中每个元素

添加"依次读取数组中每个元素"命令，用变量value遍历数组temp，更改"数组"属性为temp，如图3-55所示。

图3-55　依次读取数组中每个元素

（3）搜索联系人

①添加"在目标中输入"命令，利用"从界面上选取"按钮，抓取微信界面左上方的搜索框，更改"写入文本"属性为value[0]，如图3-56所示，通过value[0]得到当前记录值value中的第一项，比如第一次读取数组元素时，value为Tom。

图3-56　在目标中输入

②添加"延时"命令，更改"延时（毫秒）"属性为3 000毫秒。

③添加"模拟按键"命令，模拟按【Enter】键执行单击操作，完成设置后的流程块如图3-57所示。

图3-57　模拟按【Enter】键

④添加"延时"命令，更改"延时（毫秒）"属性为1 000毫秒。

（4）输入信息并发送

①添加"输入文本"命令，输入个性化的微信内容，更改"输入内容"属性为：value[1]&value[2]&"----"食为鲜"产品经理袁明"，如图3-58所示。

注意：输入内容中的变量value[1]和value[2]不需要加引号，而固定字符串常量，例如：----"食为鲜"产品经理袁明，需要加引号。

②添加"模拟按键"命令，模拟按【Enter】键执行单击操作，完成设置后的流程块如图3-59所示。

图3-58　编辑输入内容

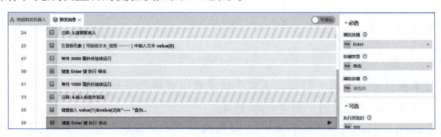

图3-59　模拟按【Enter】键

任务3　群发微信机器人应用

1. 保存机器人

完成开发后，可视化界面如图3-60所示。

2. 保存流程块并运行

①退出流程块，退出流程块编辑状态后保存。

②保存流程并运行，添加"流程结束"流程块，连接后单击"保存""运行"按钮。

图3-60　开发后的可视化界面

项目重难点总结

重点：
①变量赋值操作。
②依次读取数组中的每个元素操作。

难点：
①将二维数组赋值给变量。
②用变量访问二维数组中的元素。
③字符串常量与变量的拼接。

测评与练习

1. 知识测评

在进行本项目学习实操之后，完成以下填空题以巩固相关知识点。
①如果变量temp为[7,8,9]，那么temp[1]为_____。
②变量temp为[[1,2,3],[4,5,6],[7,8,9]]，如果执行"依次读取数组中每个元素"操作遍历temp，并将每次执行的结果保存在变量value中，value[0]的内容为_____。
③符号"&"在UiBot中用于逻辑与操作，也可以用来_____。

2. 能力测评

按表3-6中所列的操作要求，对自己完成的项目部分进行检查，操作完成得满分，未完成或错误得0分。

表3-6 技能测评表

序号	流程开发任务	分值	是否完成	自评分
1	定义数组变量并初始化	20		
2	依次读取数组中每个元素	30		
3	搜索联系人	20		
4	输入信息并发送	30		
	总分			

3. 素质测评——课后拓展训练

在举办大型活动、会议、培训或研讨会时，群发邮件可以方便地向潜在的与会者或参会人员发送邀请函、活动安排、日程表等信息。请设计开发一个机器人，自动完成在网易闪电邮客户端向多个客户群发个性化邮件的功能。

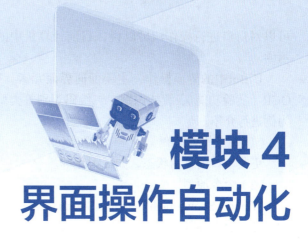

模块 4
界面操作自动化

知识目标

◎ 理解RPA在界面处理中的基本目的。
◎ 熟悉一种浏览器界面和Excel工作簿界面的基本操作。
◎ 掌握RPA机器人流程在界面中抓取数据的基本步骤和方法。
◎ 掌握RPA机器人在界面自动化操作中的常用命令。

能力目标

◎ 能够根据实际需求设计RPA流程，实现界面的自动化处理。
◎ 能够使用RPA机器人抓取网页中的数据，并批量填写到Excel文档中。
◎ 能够在浏览器、Excel等文档间，实现自动化操作处理。

素养目标

◎ 培养具有对信息的敏感性，提升学生对数据规模的认识。
◎ 拓宽学生对计算机应用的认识角度。
◎ 提升学生在工作中的工作效率。

知识准备

经常使用计算机的用户都知道，当我们在操作和使用计算机时，都是在和操作系统的界面打交道。无论是常用的Windows或Mac OS X，还是非IT人士不太常用的Linux，都有一套自己的图形界面。随着Web浏览器的大行其道，越来越多的图形界面选择在浏览器上展现。这些图形界面各有特色，但当我们用鼠标点击的时候，其实鼠标下面都是一个小的图形部件，这些图形部件称为"界面元素"。图形用户界面（graphical user interface，GUI）是指采用图形方式显示的计算机操作用户界面。与计算机早期使用的命令行界面相比，图形用户界面对于用户来说在视觉上更易于接受。

1. 界面操作

窗口界面（window interface）是指计算机使用窗口式显示用户操作的界面。是目前计算机最常用的用户界面之一。在这种窗口界面中，根据各种应用程序/数据的内容提供针对此窗口界面内的标题栏，其中包含最大化、最小化等动作按钮，并

视 频

界面元素
自动化

可以对窗口进行操作。可以说，目前计算机中的所有应用程序、数据都是由窗口进行显示的。

UiBot中的界面操作，主要面向界面元素、窗口、图像、文本、OCR（百度）、本地OCR（实验功能）、智能识别、二维码识别等类型进行操作。下面以"更改窗口显示状态"为例进行介绍。

（1）命令说明

更改窗口的显示状态，如最大化等。

（2）命令原型

Window.Show(objUiElement,sShow)

（3）命令参数

更改窗口显示命令参数如图4-1所示。

参数	必选	类型	默认值	说明
objUiElement	True	decorator	@ui""	对应的窗口对象，传递为字符串时作为窗口特征使用，会查找所有符合的窗口进行操作；传递为UiElement对象时，则对这个对象所属的窗口进行操作
sShow	True	enum	"show"	窗口显示状态，'show'为显示；'hide'为隐藏；'min'为最小化；'max'为最大化；'restore'为还原

图4-1　更改窗口显示

（4）可视化样例

更改窗口显示的设置如图4-2所示。

图4-2　更改窗口显示的设置

（5）目标编辑

针对已指定的目标，可对其名称、类型，以及启用设置属性，如图4-3所示。

注意：当目标的显示信息是变化的时，务必将指定目标的title设置为"*"，以确保指定目标不唯一。

2．软件自动化

软件（software）是按照特定顺序组织的计算机数据和指令的集合。一般包括系统软件、应用软件和介于这两者之间的中间件。国标中对软件的定义为：与计算机系统操作有关的计算机程序、规程、规则，以及可能有的文件、文档及数据。

UiBot中的软件自动化主要面向浏览器、Word、Excel、Outlook、IBM Notes、数据库、钉钉、企业微信等8种软件进行操作。下面以"启动新的浏览器"为例进行介绍。

（1）命令说明

启动一个新的浏览器，使Laiye RPA可以对该浏览器进行操作，启动的浏览器可以是Internet Explorer、Chrome、FireFox、360、Edge、Laiye RPA浏览器（Laiye RPA浏览器仅支持启动一个浏览器窗口），命令运行成功会返回绑定的浏览器句柄字符串，失败返回null。

图4-3　更改窗口显示的设置

（2）命令原型

WebBrowser.Create(sType,sURL,iTimeOut,optionArgs)

（3）命令参数

参数如图4-4所示。

参数	必选	类型	默认值	说明
sType	True	enum	"ie"	浏览器类型
sURL	True	string	"about:blank"	启动浏览器后打开的链接地址
iTimeOut	True	number	30000	指定在SelectorNotFoundException引发异常之前等待活动运行的时间量（以毫秒为单位）。默认值为30000毫秒（30秒）
bContinueOnError	False	boolean	False	指定即使活动引发错误，自动化是否仍应继续。该字段仅支持布尔值（True、False）。默认值为False
iDelayAfter	False	number	300	执行活动后的延迟时间（以毫秒为单位）。默认时间为300毫秒
iDelayBefore	False	number	200	活动开始执行任何操作之前的延迟时间（以毫秒为单位）。默认的时间量是200毫秒
sBrowserPath	False	path	""	浏览器目录，默认为空字符串。当值为空字符串时，自动查找机器上安装的浏览器并尝试启动
sStartArgs	False	string	""	浏览器启动参数

图4-4　命令参数

（4）返回结果

hWeb，将命令运行后的结果赋值给此变量。

（5）可视化样例

启动浏览器的设置如图4-5所示。

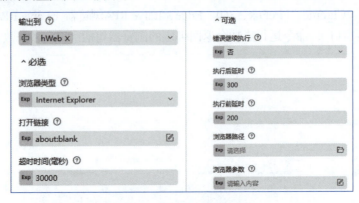

图4-5　启动浏览器的设置

项目1　界面数据项抓取机器人

情境导入

出版社在策划出版物选题时，为了达到更好的业绩，编辑会从各种途径筛选出版主题。其中有一种方式是，对头部电商的出版物销售数量进行统计，分析出近一段时间内读者主要关注的出版物主题集中在哪些方面，并以此作为选题讨论的依据。

项目描述

①针对电商企业——当当网，采集一个月内的图书销售数量。

②采集"图书畅销榜"中近30日的前10本图书的书名、评论数、作者、出版时间、出版社、价格、折扣率等数据。

③采集数据需整理到一个表格中，以便后续统计分析。

④表格命名为"M4-界面数据采集-姓名"；表格中的数据以1、2、3……为序号排列。

注意：此处的"姓名"为自己的姓名，以示与他人的区分。

项目实施

任务1　界面数据项抓取机器人设计

通过浏览器，在指定网址中抓取所需的数据，然后将数据记录到一个Excel文档中，并标记文档中数据抓取的时间。

RPA机器人模拟人工操作步骤，具体见表4-1。

表4-1 界面数据项抓取机器人模拟人工操作步骤

步骤	流程描述	机器人／人工
1	启动浏览器	机器人
2	打开目标网址	机器人
3	选择界面目标对象	机器人
4	抓取目标数据	机器人
5	终止浏览器	机器人
6	优化数据	机器人
7	保存数据到文档	机器人
8	关闭并标记抓取时间	机器人

根据指令设计思路，设计操作流程图，如图4-6所示。

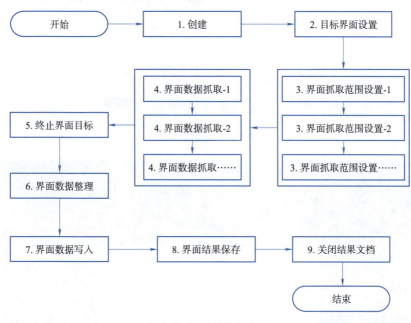

图4-6 设计操作流程图

任务2　界面数据项抓取机器人开发

1. 开发操作准备

本机器人开发之前，要在软件"工具"选项卡中检查"扩展程序"，确认本地计算机可使用的浏览器中已安装有UiBot Creator的数据读取扩展工具。当任一浏览器栏右下角显示"卸载"按钮时，就说明此浏览器的扩展工具已安装，可正常使用；若显示为"安装"按钮，则说明此浏览器的扩展工具未安装，界面数据抓取前，完成安装才可以正常进行界面操作，如图4-7所示。

2. 机器人开发

（1）创建

①新建流程，名称为"模块4_1_界面数据抓取"。也可将流程创建位置更改为"C:\

RPA", 如图4-8所示。

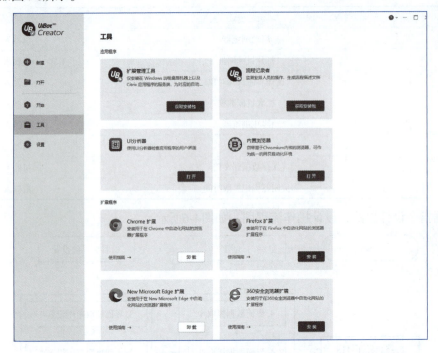

图4-7 扩展程序安装

图4-8 创建新流程

②将"描述"设置为"网页数据抓取"。机器人的所有自动操作都将在"流程块"中完成,为了更好地查找流程内容,一般将流程块描述为与项目相关的内容,如图4-9所示。

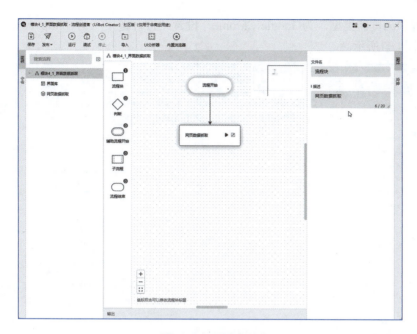

图4-9 设置流程块

（2）目标界面设置

①添加"启动新的浏览器"命令，如图4-10所示。

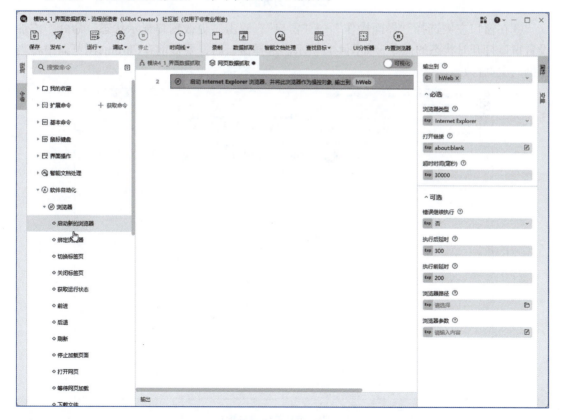

图4-10 启动浏览器

②设置"浏览器类型"为Google Chrome，设置"打开链接"为"http://www.dangdang.com/"，如图4-11所示。

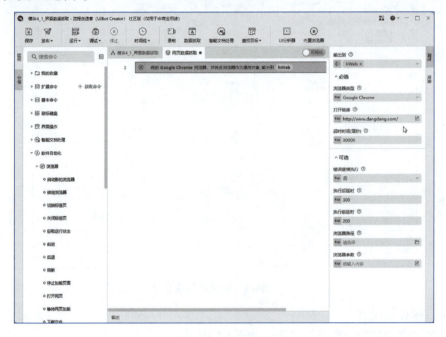

图4-11　打开网址

③在窗口左侧选择"界面操作"→"窗口"，双击"更改窗口显示状态"命令，添加设置窗口打开时状态的命令，如图4-12所示。选择窗口时，要提前在Chrome浏览器中将当当网的主页打开。

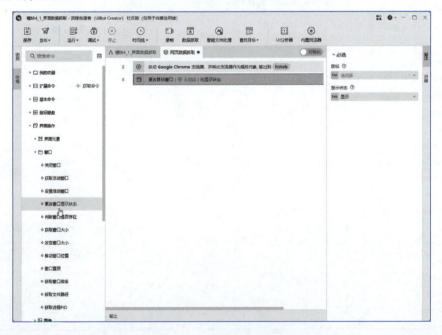

图4-12　选择要设置的窗口

④单击"未指定",选择当当网的主页窗口,由于选择的是整个窗口,因此,浏览器窗口会全部变色,如图4-13所示。

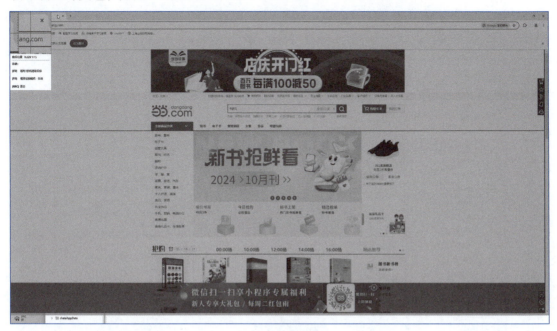

图4-13　窗口变色

⑤在右侧"属性"栏中,设置窗口"显示状态"为"最大化"状态,如图4-14所示。

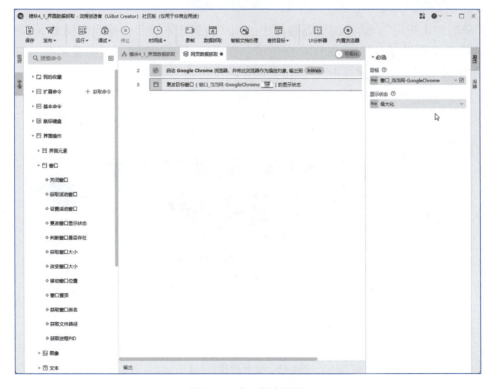

图4-14　窗口状态设置

（3）界面范围设置

①在窗口左侧选择"鼠标键盘"→"鼠标"，双击"点击目标"命令，如图4-15所示。

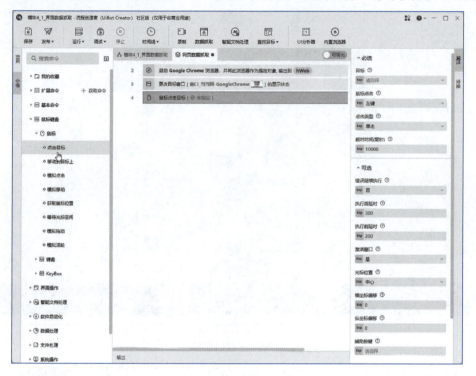

图4-15 窗口状态设置

②单击"未指定"，选择浏览器窗口中的相应位置（本项目中指当当网首页中的"图书"），设置鼠标选择目标1，如图4-16所示，完成后可在"属性"栏中看到图书的链接，如图4-17所示。注意"鼠标点击""点击类型"的设置。

图4-16 鼠标选择目标1

模块4 界面操作自动化

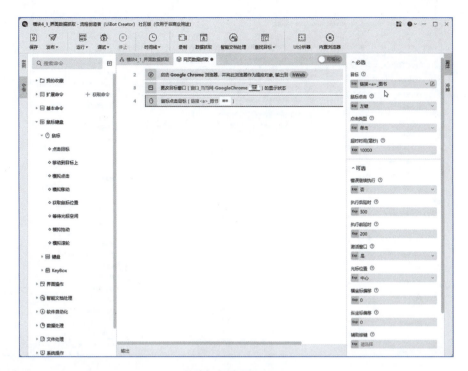

图4-17 鼠标点击设置

③继续双击"点击目标"命令，设置抓取范围"新书热卖榜"是鼠标选择目标2、"近30日"是鼠标选择目标3，如图4-18和图4-19所示，直到将需要抓取的数据显示在窗口中，如图4-20所示。

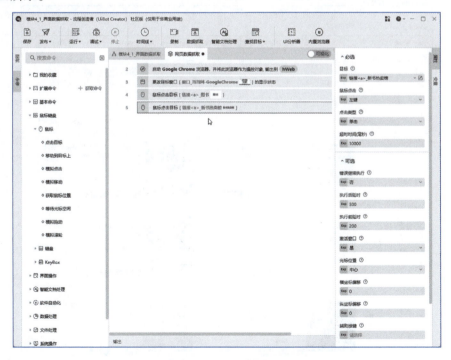

图4-18 鼠标选择目标2

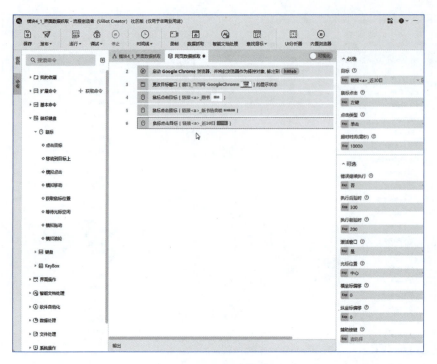

图4-19 鼠标选择目标3

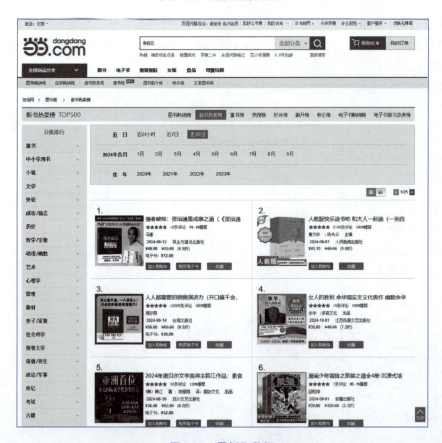

图4-20 需抓取数据

注意：在命令添加过程中，为了达到满意的设计，参数会多次尝试使用，这时参数后面会自动生成序号，这并不影响变量的使用，如图4-21所示。

图4-21　变量自动生成序号

（4）界面数据抓取

①在命令行的上方，单击"数据抓取"按钮，进入数据抓取设置，如图4-22所示。

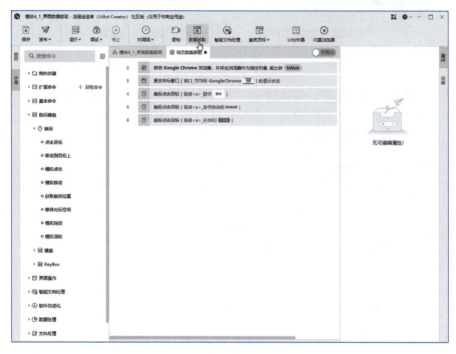

图4-22　数据抓取

②单击"选择目标"按钮，提示数据抓取可支持的数据来源，如图4-23所示。

图4-23　抓取提示

③单击某条数据的一项数据（如书名区域），抓取书名区域，如图4-24所示。

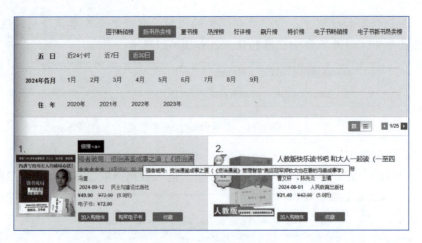

图4-24 抓取一项数据

④单击"选择目标"按钮,确认提示,如图4-25所示。此处是指再次点击另一条数据相应区域的一项数据,完成二次识别。注意针对多条、多项、多类型数据抓取时,需从两条数据中的相同区域识别数据对象。

图4-25 提示二次选择目标

⑤对同一项数据二次选择正确后,提示确认抓取的数据类型,此处有"文字"和"链接"两个选项,如图4-26所示。

图4-26 抓取类型提示

⑥单击"抓取更多数据"按钮,如图4-27所示,当一条数据还有更多项数据需要抓取时,在此进入后续数据抓取步骤,重复图4-23至图4-26,更多项数据被抓取后,如图4-28所示。

图4-27 抓取更多数据提示

图4-28 多项数据抓取后

⑦单击"完成"按钮,结束本次数据抓取设置,如图4-29所示。注意,需要抓取的数据如果不在一页中,可在此处设置翻页。

⑧在"属性"栏中,将"输出到"设置为"所有图书数据"、"抓取页数"设置为1、"返回结果数"设置为10条,如图4-30所示。

注意:当抓取数据完成后,为了使数组更好理解和记忆,可以将数组定义为描述数据的名称;结果数据,此处表示为返回的条数,本任务中指返回10条数据。

图4-29 抓取翻页提示

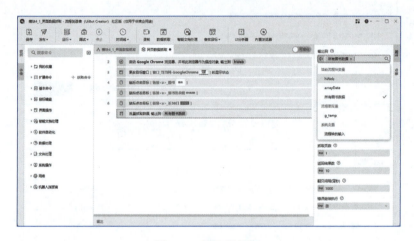

图4-30 抓取数据组

(5) 终止界面目标

① 在窗口左侧选择"系统操作"→"应用",双击"关闭应用"命令,添加对浏览器的自动关闭命令,如图4-31所示。

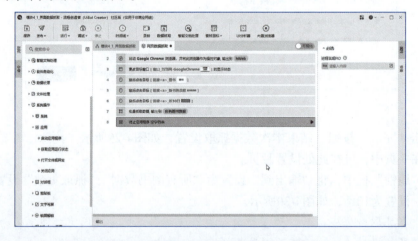

图4-31 终止应用

②在"属性"栏中，设置"进程名"为"chrome.exe"，如图4-32所示。

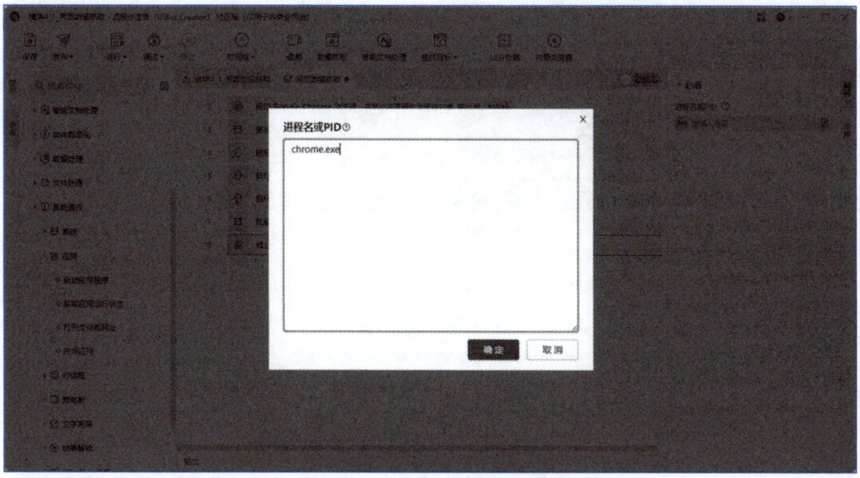

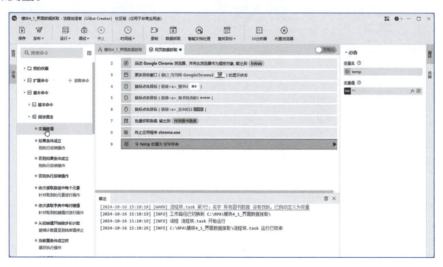

图4-32　设置终止的应用

（6）界面数据整理

①在窗口左侧选择"基本命令"→"词法语法"，双击"变量赋值"命令，如图4-33所示，添加变量。

图4-33　变量

②设置"变量名"为i；设置"变量值"为1，如图4-34所示。

注意：这里由于数据序号都是从1开始的，所以变量赋的初值就是1，并且，这里的1是数字，所以，"变量值"中的双引号要删除掉，只填写1即可。

③在窗口左侧选择"基本命令"→"词法语法"，双击"依次读取数组中每个元素"命令，如图4-35所示。利用遍历，对采集到的所有数据设置序号。

④在"属性"栏中，设置"值"为"单条图书数据"，"数组"为"所有图书数据"，如图4-36所示。以此对抓取到的所有数据中的每条数据设置变量名。

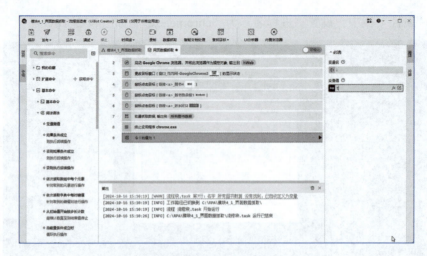

图4-34 变量赋初值

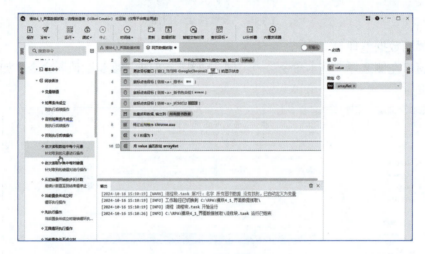

图4-35 添加遍历

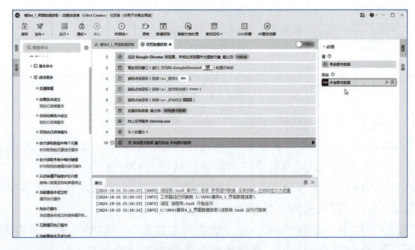

图4-36 设置遍历

⑤在窗口左侧选择"数据处理"→"数组",双击"在数组头部添加元素"命令,如图4-37所示。将序号添加到每条数据之前。

注意:由于是对数组中的每条命令添加序号,所以是针对数组完成的,后面的赋值操作要在数组内循环完成,这些命令添加上之后,要用鼠标拖动到遍历命令中,形成循环(鼠标点住"在数组头部添加元素"命令不放开,然后拖到"遍历数组"命令上,再释放)。

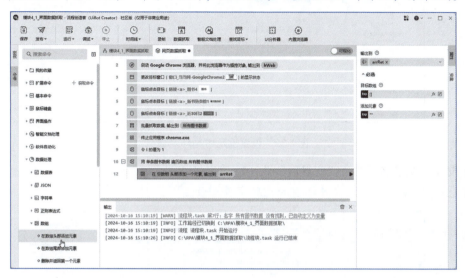

图4-37　添加遍历数组

⑥在"属性"栏中,设置"输出到"为"单条图书数据"、"目标数组"为"单条图书数据"、"添加元素"为i,如图4-38所示。实现将i的值赋在"单条图书数据"之前。

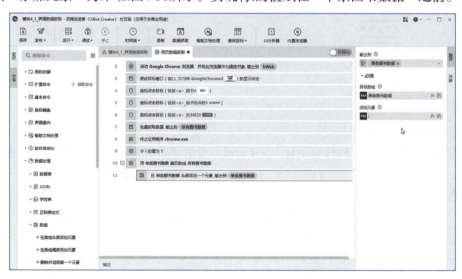

图4-38　设置遍历数组元素

⑦在窗口左侧选择"基本命令"→"词法语法",双击"变量赋值"命令,如图4-39所示。对循环变量设置递增值。

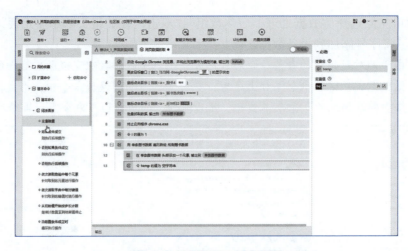

图4-39 设置遍历中循环变量

⑧设置"变量名"为i、"变量值"为i+1,如图4-40所示。

注意:"变量名"一定要与之前的循环变量一致。

图4-40 设置遍历递增量

(7)界面数据写入

①在窗口左侧选择"软件自动化"→Excel,双击"打开Excel工作簿"命令,如图4-41所示。

注意:这里将数据输出的目标设置为Excel文档中的工作簿(即objExcelWorkBook)。

②设置"文件路径"为"M4-界面数据采集-姓名.xlsx",如图4-42所示。

注意:图4-41与图4-42的"打开Excel工作簿"命令,在不同的层级下。

序号赋值只是针对数组内数据的,因此"打开Excel工作簿"命令不应该在循环体内,所以,要在循环体外添加,操作方法是,在不选中循环体时,添加"打开Excel工作簿"命令。

③在窗口左侧选择"软件自动化"→Excel,双击"写入区域"命令,如图4-43所示。

④设置"开始单元格"为A2、"数据"为"所有图书数据",如图4-44所示。

注意:写入时,只能从A2单元格开始,因为第一列为由变量赋值的序号。

模块4　界面操作自动化

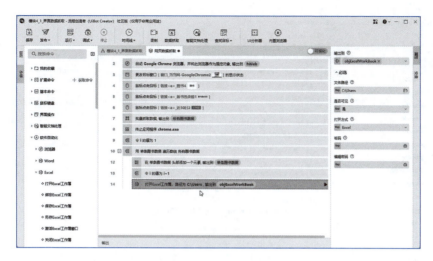

图4-41　添加目标

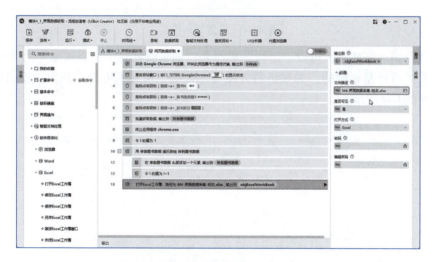

图4-42　设置目标名称

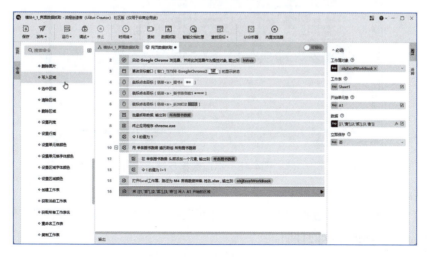

图4-43　添加写入命令

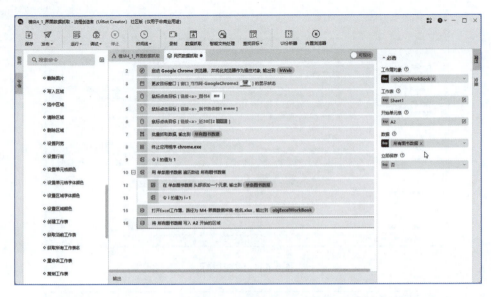

图4-44 设置写入位置

上述命令添加完成后,可以"运行"机器人,如果看到表格中有数据(见图4-45),即说明机器人的设计是正确的,如果机器人设置不正确,可在下方的"输出"窗口中查看错误信息,如图4-46所示。

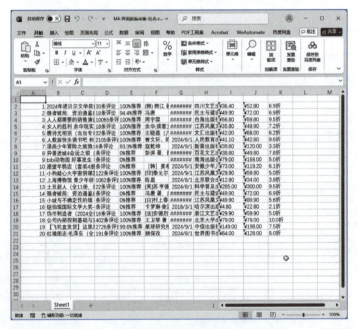

图4-45 抓取数据反馈

(8)界面结果保存

①在窗口左侧选择"数据处理"→"时间",双击"获取时间(日期)"命令,如图4-47所示。记录数据抓取的日期。

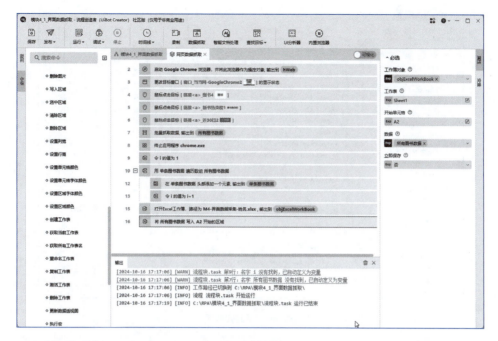

图4-46 输出提示

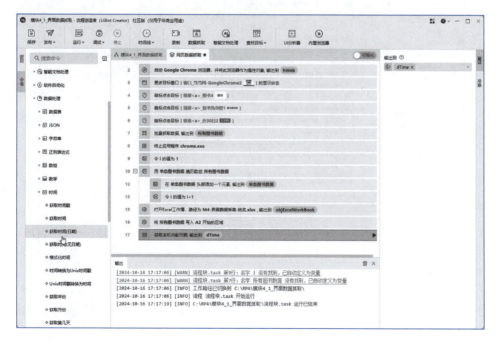

图4-47 添加日期

②在窗口左侧选择"数据处理"→"时间",双击"格式化时间"命令,如图4-48所示。添加对时间格式设置的命令。

③设置"格式"为"yyyy-mm-dd",如图4-49所示。

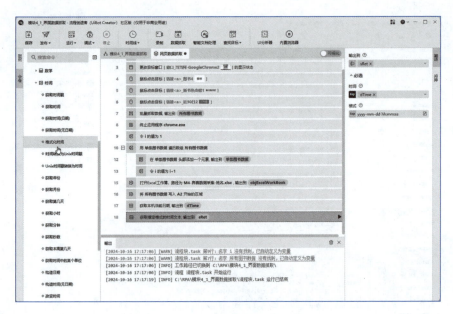

图4-48　日期格式

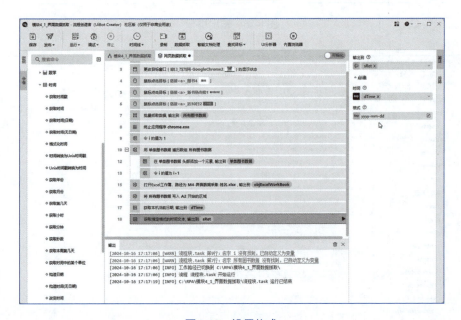

图4-49　设置格式

④在窗口左侧选择"软件自动化"→Excel，双击"另存Excel工作簿"命令，如图4-50所示。

⑤单击Exp，进入表达式输入的专业模式，如图4-51所示。

⑥设置"文件路径"为"@res' '&SRET&"-30畅销榜.xlsx""，如图4-52所示。为了使用户清楚数据抓取的时间，在保存数据文件时，利用另存命令，将当日日期标注在记录文档的文件名中。

注意："@res' '&SRET&"-30畅销榜.xlsx""中均为英文小写模式下输入，其中"'"为单引号，表格文件名用双引号标注。

模块 4　界面操作自动化

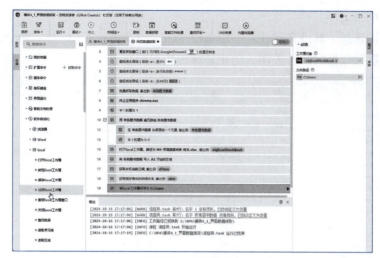

图4-50　设置存储

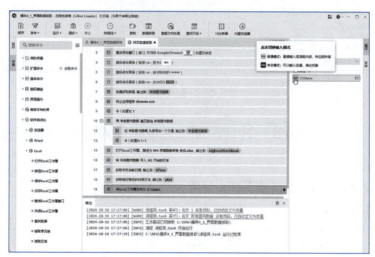

图4-51　进入表达式输入的专业模式

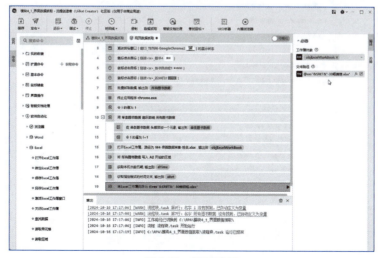

图4-52　设置遍历

（9）关闭结果文档

在窗口左侧选择"软件自动化"→Excel，双击"关闭Excel工作簿"命令，如图4-53所示。即可将抓取到数据的文件关闭，防止后续出现误操作。

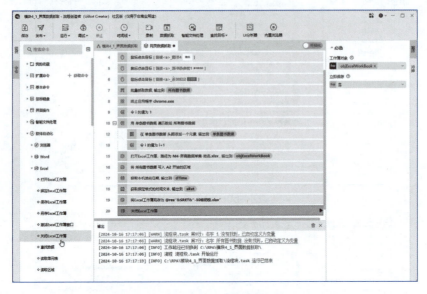

图4-53 关闭结束

任务3 界面数据项抓取机器人应用

1. 保存机器人

经过设计开发后，可视化界面如图4-54所示。

视频
数据项抓取机器人

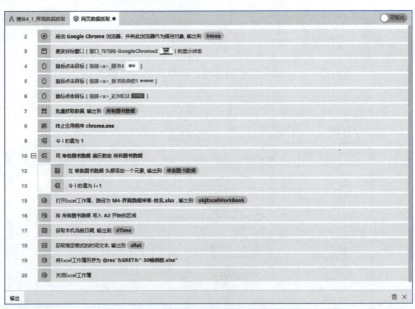

图4-54 设计开发后的可视化界面

2. 保存流程块并运行

①退出流程块。退出流程块编辑状态后保存，如图4-55所示。

图4-55　保存界面

②保存流程并运行。添加"流程结束"流程块，连接后单击"保存""运行"按钮，如图4-56所示。

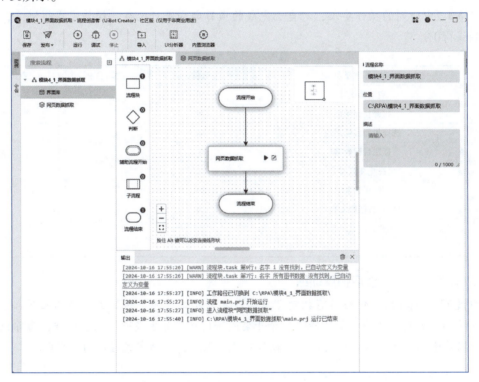

图4-56　保存流程并运行界面

项目重难点总结

重点：
①浏览器自动化操作，包括浏览器选择、链接设置等。
②界面数据的自动化处理。
③数据类型的识别。

难点：
①循环变量的设置。
②命令层级的改变，参数中数值类型的选择。

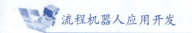

1. 知识测评

在进行本项目学习实操之后，完成以下填空题以巩固相关知识点。

①在界面应用的项目中，RPA机器人一般的执行步骤是＿＿＿＿＿、＿＿＿＿＿、＿＿＿＿＿。

②在浏览器中，需要在界面中抓取数据时，使用的方法或功能是＿＿＿＿＿。

③当数据完成抓取后，可使用＿＿＿＿＿命令实现对数据的遍历。

2. 能力测评

按表4-2中所列的操作要求，对自己完成的项目部分进行检查，操作完成得满分，未完成或错误得0分。

表4-2 技能测评表

序号	流程开发任务	分值	是否完成	自评分
1	启动浏览器	10		
2	打开目标网址	20		
3	选择界面目标对象	30		
4	抓取目标数据	5		
5	终止浏览器	10		
6	优化数据	10		
7	保存数据到文档	10		
8	关闭并标记抓取时间	5		
	总分			

3. 素质测评——课后拓展训练

假设你在51job网站中找所有招聘"虚拟现实开发工程师"的职位，要记录下来每条招聘信息的公司名称、招聘要求、待遇、晋升渠道等信息，并生成一份记录文档，为你找工作节省数据搜索的时间成本。请设计一个数据查找机器人，自动完成指定的数据爬取工作。

项目2　界面数据表抓取机器人

情境导入

股票分析员每天都要浏览网上的股票行情，他需要知道各股市所有行业板块的每日涨跌情况，更要获取所有涨跌数据进行后续查阅和分析。同时，也要能对数据中的重要数据项进行单独记录和分析。

项目描述

①针对股票网站——东方财富，采集指定批量股票的数据，本项目中涉及"沪深京行业板块""涨跌幅"。

②采集数据时,要以数据表为单位进行抓取、以多个单列数据(板块名称、涨跌幅)为单位进行抓取。

③为了方便后续工作,采集数据应分类保存。

④数据表需整理到一个表格文档中,多列数据整理到一个表格文档中。

⑤对于单列数据,要注意保存每日数据,不能出现数据文档被覆盖的情况。

⑥表格命名为"M4-表格数据采集1/2-姓名"。

注意:两个文档,以1/2区分。

项目实施

任务1　界面数据表抓取机器人设计

在指定的股票网站中,选取固定的目标,从中获取全部或部分数据,并将数据存储于不同文件中。

RPA机器人模拟人工操作步骤,具体见表4-3。

表4-3　界面数据表抓取机器人模拟人工操作步骤

步骤	流程描述	机器人/人工
1	启动浏览器	机器人
2	打开目标网址	机器人
3	选择界面目标对象	机器人
4	抓取第一部分目标数据	机器人
5	抓取第二部分目标数据	机器人
6	结果保存并关闭	机器人

根据指令设计思路,设计操作流程图,如图4-57所示。

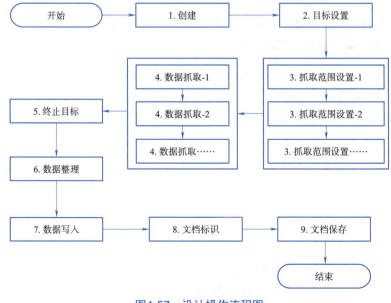

图4-57　设计操作流程图

任务2　界面数据表抓取机器人开发

1. 开发操作准备

本机器人开发之前，应在res文件夹中新建一个Excel文档，且命名为"M4-表格数据采集1-姓名"，如图4-58所示。

2. 机器人开发

（1）创建

①新建流程，名称为"模块4_1_表格数据抓取"。流程创建位置为"C:\RPA"，如图4-59所示。

图4-58　数据保存文档

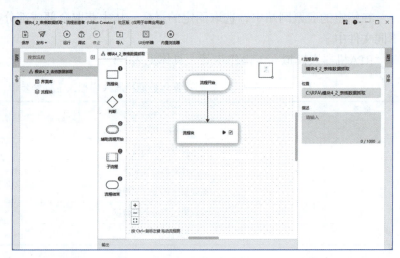

图4-59　创建流程

②点击流程块，将"描述"设置为"股票数据抓取"，如图4-60所示。

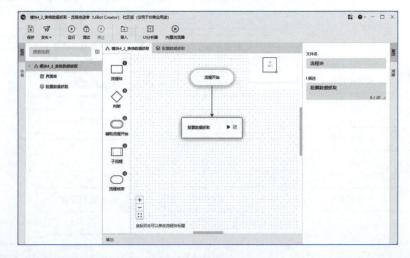

图4-60　描述流程块

（2）目标界面设置

①在窗口左侧选择"软件自动化"→"浏览器"，双击"启动新的浏览器"命令，更改"浏览器类型"属性为Google Chrome、更改"打开链接"属性为http://quote.eastmoney.com，如图4-61所示。

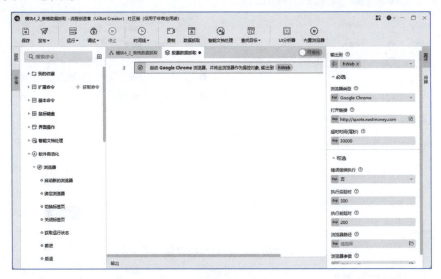

图4-61　设置目标界面

②在窗口左侧选择"界面操作"→"窗口"，双击"更改窗口显示状态"命令，通过鼠标指定，点选浏览器整个窗口，设定"目标"，然后在"属性"栏中，设置窗口"显示状态"为"最大化"状态，如图4-62所示。

图4-62　设置窗口状态

注意：由于股票数值是随时变化的，因此设置目标窗口时，"title"的属性值应为"*"，且"目标名称"应为"窗口_东方财富（300059）股票价格_行情_走势图—东方财富网-GoogleChrome1"，如图4-63所示。

图4-63 设置目标界面

（3）第一部分数据抓取

①在窗口左侧选择"鼠标键盘"→"鼠标"，双击"点击目标"命令，设置鼠标单击时打开"行情中心"链接，设置界面抓取范围，如图4-64所示。

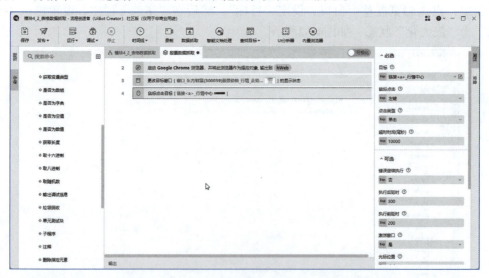

图4-64 鼠标点击设置1

②在窗口左侧选择"鼠标键盘"→"鼠标"，双击"移动到目标上"命令，依次设置2次鼠标指向链接，为"沪深京板块""行业板块"，如图4-65所示。

③在窗口左侧选择"鼠标键盘"→"鼠标"，双击"点击目标"命令，设置鼠标单击链接"行业板块"，如图4-66所示。

图4-65　鼠标选择设置

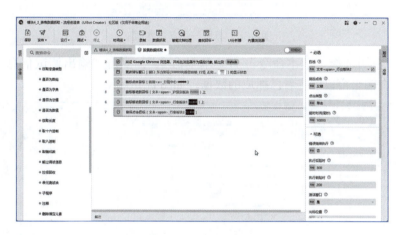

图4-66　鼠标点击设置1

注意：在流程设置过程中，有的目标参数会使用到多次，如图4-66中的"文本_行业板块1"和"文本_行业板块2"两个目标，是同一目标，在本流程中通过加数字后缀的方式进行区分。

④在命令行上方，单击"数据抓取"按钮，进入数据抓取设置，如图4-67所示。

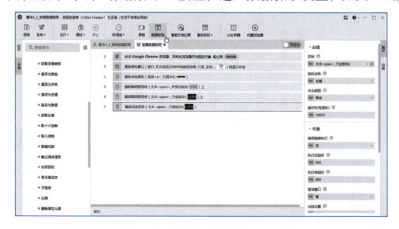

图4-67　设置第一部分数据抓取目标

⑤参照图4-23至图4-28，完成对一页"板块名称""涨跌幅"数据的抓取，最后设置属性栏中的"输出到"为"行业板块涨幅"，如图4-68所示。

图4-68 抓取一页多条数据

⑥在窗口左侧选择"基本命令"→"基本命令"，双击"输出调试信息"命令，如图4-69所示，在输出窗口中查看已抓取的数据，如图4-70所示。

图4-69 输出调试

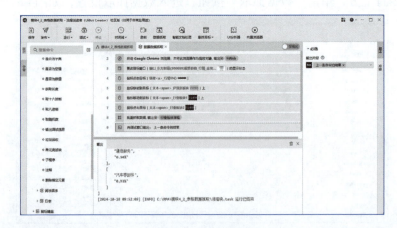

图4-70 调试结果

⑦参照图4-42至图4-46，添加数据写入命令，将第一部分写入以"M4-表格数据采集1-姓名.xlsx"命名的数据表格文档中，如图4-71所示。

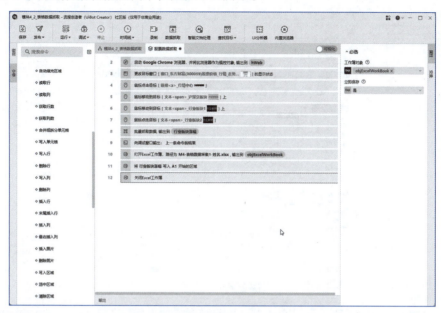

图4-71 关闭第一个表格

注意：由于后面还有表格处理，此处应在处理完表格中的数据后关闭当前表格，以确保后续表格文档处理可正常进行。

（4）第二部分数据抓取

①参照模块4项目1任务2中"2.机器人开发"的"（3）界面范围设置"步骤，设置第二部分数据的抓取范围，如图4-72所示。

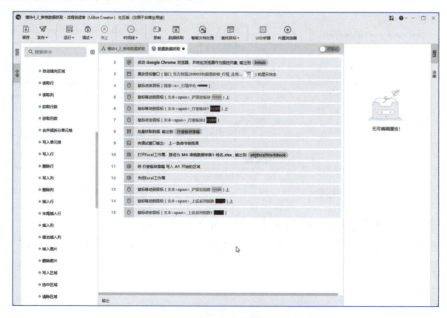

图4-72 第二部分数据范围设置

②进入第二部分数据抓取，数据抓取时，单击"表头单元格"，如图4-73所示，选择表头为目标。

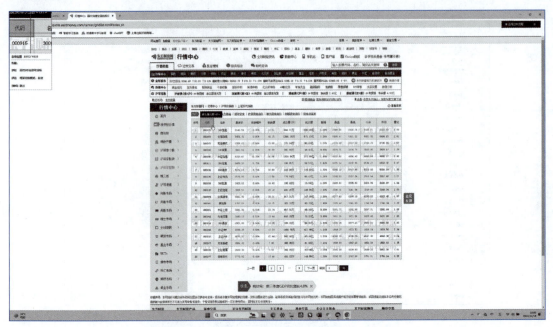

图4-73 第二部分数据抓取

③单击表头后，提示是否抓取整个表格，这里单击"是"按钮，确认要抓取整个表格，如图4-74所示。

④反馈表格数据抓取的结果，如图4-75所示。

图4-74 数据表格确认

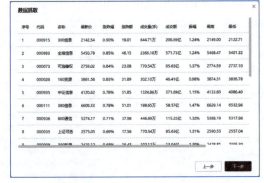

图4-75 数据表格反馈

⑤单击"下一步"按钮，提示翻页设置，如图4-76所示。

⑥单击"抓取翻页"按钮，然后在浏览器中向下滚动鼠标，单击"下一页"按钮，设置翻页位置，如图4-77所示。

模块 4　界面操作自动化

图4-76　翻页提示

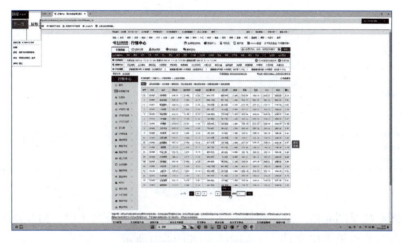

图4-77　翻页设置

⑦在"属性"栏中，更改"输出到"属性为"上证系列指数"、更改"抓取页数"属性为9，如图4-78所示，抓取的页数应根据需要来设定，此处仅为示意。

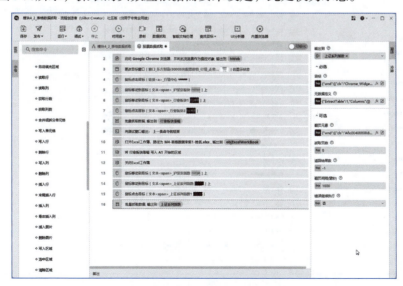

图4-78　数据结果设置

⑧再次添加"输出调试信息"命令，如图4-79所示，查看抓取结果。

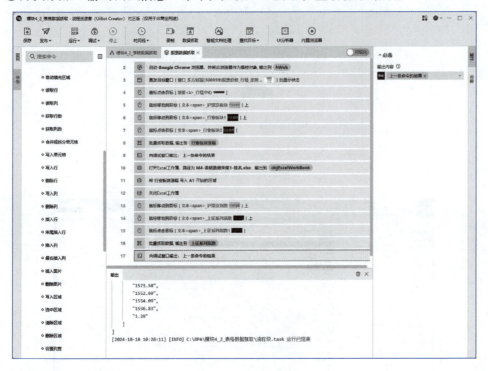

图4-79 抓取反馈

⑨参照图4-42至图4-46，添加数据写入命令，将第二部分写入以"M4-表格数据采集2-姓名.xlsx"命名的数据表格文档中，如图4-80和图4-81所示。

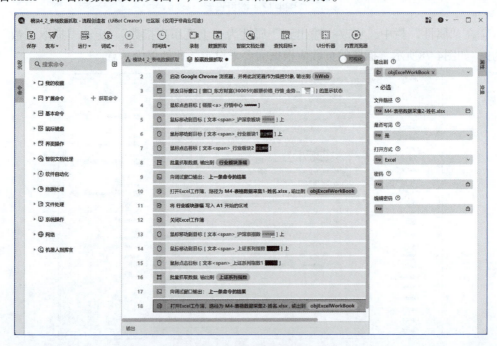

图4-80 打开文档

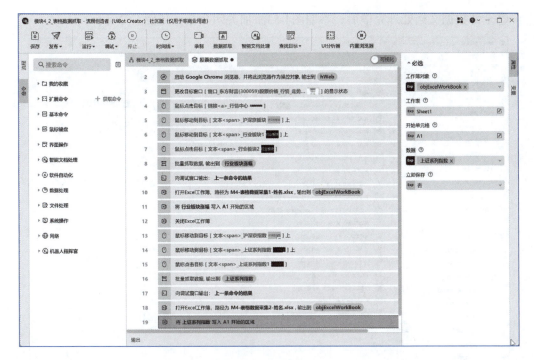

图4-81 数据写入

（5）结果保存并关闭

①参照图4-47至图4-52，将数据抓取时间记录在文件名中，如图4-82所示。

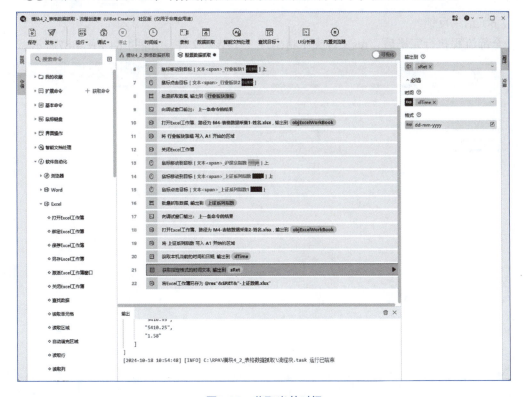

图4-82 获取当前时间

②全部数据文档处理完毕后，参照图4-53添加关闭命令，如图4-83所示。

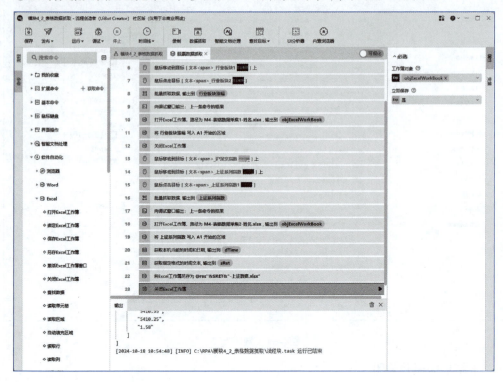

图4-83 关闭文档

（6）结果反馈

全部流程执行完毕后，res文件夹中将出现三个结果文件，如图4-84至图4-87所示。

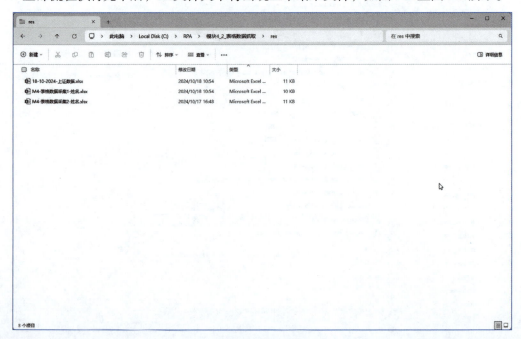

图4-84 所有结果

模块 4　界面操作自动化

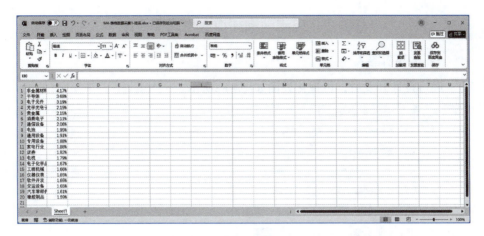

图4-85　结果1

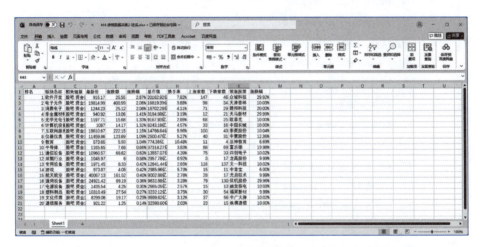

图4-86　结果2

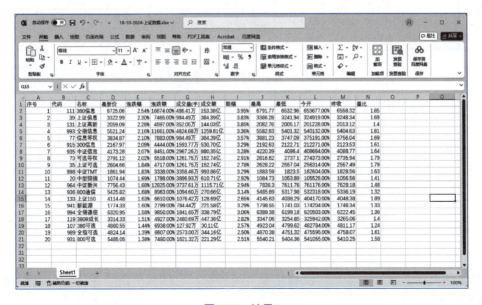

图4-87　结果3

任务3　界面数据表抓取机器人应用

1. 保存机器人

视频
数据表抓取机器人

经过设计开发后，可视化界面如图4-88所示。

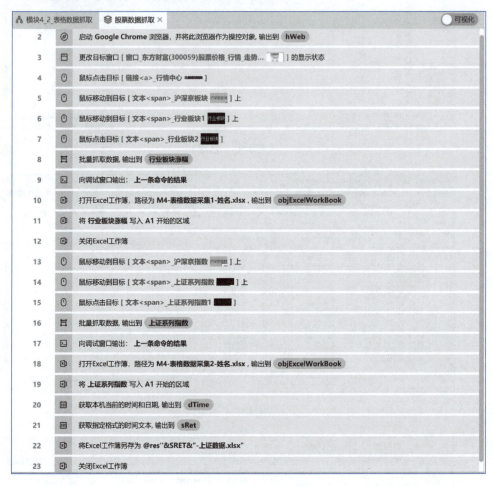

图4-88　设计开发后的可视化界面

2. 保存流程块并运行

①退出流程块。退出流程块编辑状态后保存，如图4-89所示。

图4-89　保存界面

②保存流程并运行。添加"流程结束"流程块，连接后单击"保存""运行"按钮，如图4-90所示。

模块 4　界面操作自动化

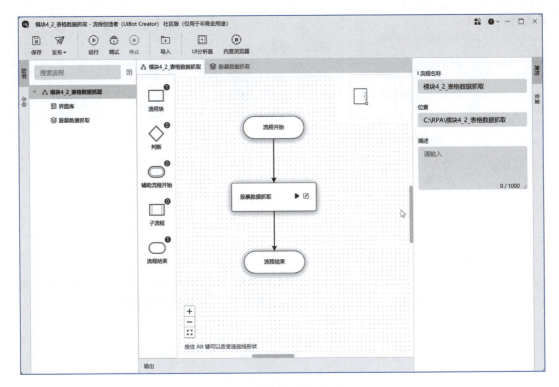

图4-90　保存流程并运行界面

项目重难点总结

重点：
①浏览器自动化操作时，指定目标不唯一的解决方法。
②表格数据、列数据获取的不同方法。
③浏览器翻页的设置。

难点：
①界面中，指定对象在同一区域，不同对象的获取方式。
②属性参数中"*"通配符的使用。
③目标编辑的使用。

测评与练习

1. 知识测评

在进行本项目学习实操之后，完成以下填空题以巩固相关知识点。
①在界面应用操作指定目标时，可使用_____符设置属性值为所有。
②如果抓取的对象为表格，在指定抓取目标时，应将鼠标选中_____。
③利用_____命令，可查看前面命令的结果是否正确。

2. 能力测评

按表4-4中所列的操作要求，对自己完成的项目部分进行检查，操作完成得满分，未完

成或错误得0分。

表4-4 技能测评表

序号	流程开发任务	分值	是否完成	自评分
1	启动浏览器	5		
2	打开目标网址	5		
3	选择界面目标对象	5		
4	抓取第一部分目标数据	40		
5	抓取第二部分目标数据	40		
6	结果保存并关闭	5		
	总分			

3. 素质测评——课后拓展训练

作为资深的市场分析师,需要大量的数据支撑每一次分析,以此作为企业发展的战略支持。请你从国家统计局采集相关数据,以全国固定资产投资增长数据为例。

模块 5
Excel 操作自动化

知识目标

◎ 理解RPA在Excel操作中的应用原理。
◎ 熟悉RPA对Excel工作簿的基本操作。
◎ 掌握利用RPA工具进行Excel数据的读取、写入和处理。
◎ 掌握RPA工具对Excel进行数据提取和数据分析。

能力目标

◎ 能够根据实际需求设计RPA流程，实现Excel基本操作的自动化处理。
◎ 能够分析和解决在Excel自动化过程中遇到的常见问题。
◎ 能够识别和优化Excel操作中的低效流程，提高自动化效率和准确性。

素养目标

◎ 培养学生在自动化流程设计和实施中的细致和严谨的品质。
◎ 鼓励学生在RPA应用中探索新的方法和技术，提升创新性和实用性。
◎ 培养学生精益求精的工匠精神。

知识准备

Excel是一款电子表格软件，是当前个人计算机数据处理的必备软件之一。使用Excel软件，可以制作电子表格、完成复杂的数据计算，对数据进行检索、分类、筛选、排序等操作，进行数据分析与预测，绘制强大的数据图表等。为实现Excel操作的自动化，UiBot将Excel操作封装成专门的命令，用户通过这些命令就可以模拟真人对Excel的操作。对于Excel操作自动化，需要安装Office 2007以上版本，或者WPS 2016以上版本。Excel操作自动化命令主要包括工作簿操作、单元格操作、工作表操作、执行宏等命令。

视频
Excel自动化基础与操作

1. 工作簿操作

用UiBot自动化操作Excel工作簿时，首先需要打开文档，操作完成后，需要关闭已经打开的Excel工作簿。

（1）打开Excel工作簿

"打开Excel工作簿"命令用于打开"文件路径"指定的Excel文件，并返回Excel对象。

"文件路径"属性指定Excel文件的路径，文件可以是xls、xlsx等格式，如果指定的文件不存在，UiBot会在指定路径新建一个同名的Excel文件。"密码"和"编辑密码"属性分别对应于Excel文件中设置的"打开文件时密码"和"修改文件时密码"。"打开方式"属性指使用Excel或者WPS打开。"是否可见"指进行Excel文件自动化操作时，是否显示Excel软件界面。"打开Excel工作簿"命令属性界面如图5-1所示。

（2）关闭Excel工作簿

"关闭Excel工作簿"命令关闭打开的Excel工作簿对象。该命令有"工作簿对象"和"立即保存"两个属性。"工作簿对象"属性指定需要关闭的工作簿对象。"立即保存"属性为"是"，表示在关闭文件时，关闭Excel进程；反之，在关闭文件时不关闭Excel进程。关闭文件时，默认保存文件内容。"关闭Excel工作簿"命令属性界面如图5-2所示。

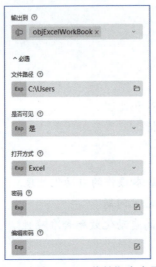

图5-1 "打开Excel工作簿"命令属性　　图5-2 "关闭Excel工作簿"命令属性

（3）保存Excel工作簿

"保存Excel工作簿"命令保存指定的Excel文件。

（4）另存为Excel工作簿

"另存为Excel工作簿"命令将Excel文件对象存为另一工作簿。

2. 单元格及行操作

（1）读取单元格

"读取单元格"命令用于读取工作表中指定单元格的值。"工作簿对象"属性指使用"打开Excel工作簿"命令或"绑定Excel工作簿"命令返回的工作簿对象。"工作表"属性指的是如果使用字符串，则表示指定工作表的名字；使用数字，则表示指定工作表的顺序（从0开始）。"单元格"属性为指定的单元格，支持单元格名（如A1）与行列数组（如[行号，列号]）两种形式，当使用单元格名时不区分大小写。"显示即返回"属性如果选择是，则返回内容与Excel单元格中显示的内容一致，且始终以字符串形式返回（当单元格内容有换行时，返回的内容会在首尾自动加上双引号）；选择否，则返回内容会根据数据类型自动转换，如0.1返回数值0.1而不是字符串"0.1"。"读取单元格"命令属性界面如图5-3所示。

（2）写入行

"写入行"命令作用为从工作表中指定单元格开始写入一行数组。例如，从单元格A2

开始写入一行数据，内容来自数组"学生信息"，"写入行"命令属性设置如图5-4所示。

图5-3 "读取单元格"命令属性

图5-4 "写入行"命令属性

3. 获取所有工作表名

"获取所有工作表名"命令的作用是获取指定Excel下的所有工作表名。"输出到"属性指命令运行后的结果赋值给此变量。"工作簿对象"属性指使用"打开Excel工作簿"命令或"绑定Excel工作簿"命令返回的工作簿对象。例如，在现有工作簿中，获取所有工作表名称，将结果赋值给变量"系部名称"。"获取所有工作表名"命令属性界面如图5-5所示。

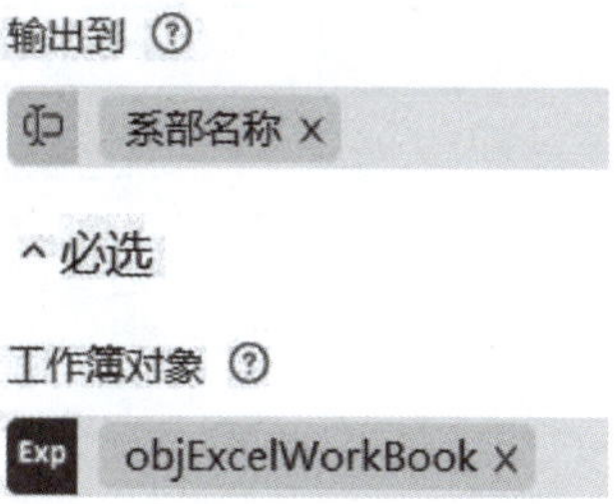

4. 执行宏操作

"执行宏"命令是指执行Excel中的宏。"工作簿对象"属性指使用"打开Excel工作簿"命令或"绑定Excel工作簿"命令返回的工作簿对象。"宏定义"属性指的是Excel中的宏定义，可以是sub、function。"宏参数"属性是指需要传给宏定义的属性，如调用subSum(1,2)，则传递[1,2]。需要说明的是，Excel中xls文件支持外部宏运行。

图5-5 "获取所有工作表名"命令属性

项目 1　系部学生信息汇总机器人

情境导入

张欣同学在学习之余想全面锻炼一下自己，应聘了辅导员的小助手。最近辅导员交给张欣一个任务。汇总系部所有专业大一年级学生信息。辅导员给了他一个Excel工作簿，其中包含多张工作表。第一个工作表名为"学生信息汇总"，后面是每个班级学生信息表，包括学号、姓名、专业、班级字段。需要张欣将每个班级的这些信息汇总到"学生信息汇总"表中，并且在第一列加上序号。传统的做法是将每张工作表内容依次复制、粘贴到第一个工作表中,最后生成序号。工作难度不大,但是操作简单、重复、效率不高。他想寻求一种高效的操作方法来解决这个问题。

项目描述

设计开发一个系部学生信息汇总机器人,能够自动将每个工作表中所有字段内容快速、准确地合成到"学生信息汇总"表中,自动生成序号,并且保存Excel工作簿。

项目实施

任务1 系部学生信息汇总机器人设计

RPA机器人模拟人工操作,打开"系部学生信息汇总表.xlsx",将每个系部工作表中的学生信息,包括学号、姓名、专业、班级字段,复制到"学生信息汇总"表中,并且在第一列自动生成序号。具体流程见表5-1。

表5-1 系部学生信息汇总机器人模拟人工操作步骤

步骤	流程描述	机器人/人工
1	打开"系部学生信息汇总表"工作簿	机器人
2	获取所有工作表名称	机器人
3	判断工作表名称是否为"学生信息汇总"	机器人
4	提取专业学生信息	机器人
5	在提取的学生信息前加序号	机器人
6	将学生信息全部写入"学生信息汇总"	机器人
7	关闭工作簿	机器人

根据指令设计思路,设计操作流程图,如图5-6所示。

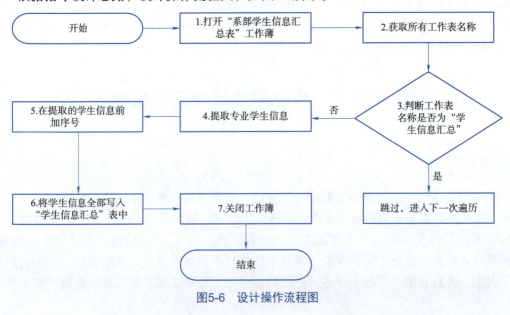

图5-6 设计操作流程图

任务2　系部学生信息汇总机器人开发

1. 开发操作准备

新建流程《系部学生信息汇总》，并将"系部学生信息汇总表.xlsx"文件存放在流程文件夹res目录下，以便使用。单击"编辑"按钮，进入主模块的开发，如图5-7所示。

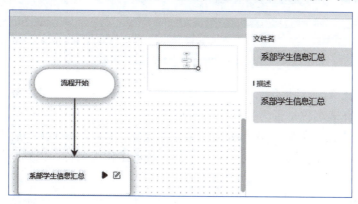

图5-7　新建流程

2. 创建系部学生信息汇总机器人

（1）打开"系部学生信息汇总表"工作簿

在"搜索命令"文本框中输入"打开Excel工作簿"，找到后双击添加"打开Excel工作簿"命令，更改"文件路径"属性为"系部学生信息汇总表.xlsx"，如图5-8所示。

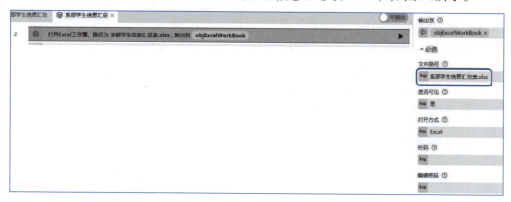

图5-8　添加"打开Excel工作簿"命令

（2）获取所有工作表名称

①添加"获取所有工作表名"命令，更改"输出到"属性为"系部名称"，如图5-9所示。

图5-9　添加"获取所有工作表名"命令

②添加"变量赋值"命令，更改"变量名"属性为i，点亮"变量值"属性Exp后更改为1，如图5-10所示。

图5-10　添加"变量赋值"命令

注意：这里定义变量i并且赋初值，为后面循环中自动添加序号做准备。

（3）判断工作表名称是否为"学生信息汇总"

①添加"依次读取数组中每个元素"命令，点亮"数组"属性Exp后更改为"系部名称"，如图5-11所示。接下来，将在该命令下循环读取工作表名称，以判断是否为"学生信息汇总"。

图5-11　依次读取数组中每个元素命令

②在"依次读取数组中每个元素"命令内部添加"如果条件成立"命令，点亮"判断表达式"属性Exp后更改为"value="学生信息汇总""，如图5-12所示。

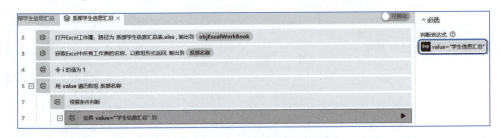

图5-12　如果条件成立命令

③添加"否则执行后续操作"命令，后续将遍历非"学生信息汇总"工作表。

（4）提取专业学生信息

①在"否则执行后续操作"命令内部添加"获取行数"命令，点亮"工作表"属性Exp后更改为value，如图5-13所示。

②添加"读取区域"命令，在属性中点亮"工作表"属性Exp后更改为value，点亮"区域"属性Exp后更改为""A2:D"&iRet"，表示选中从A2单元格开始到结尾的所有数据区域，如图5-14所示。

模块5　Excel操作自动化

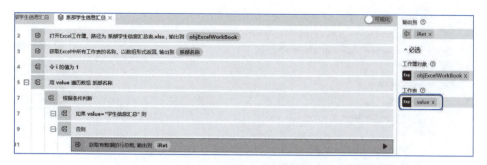

图5-13　添加"获取行数"命令

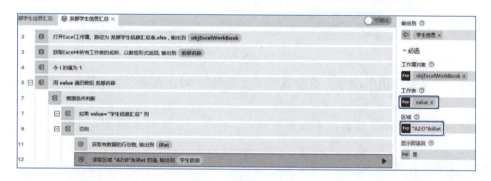

图5-14　读取区域命令

（5）在提取的学生信息前加序号

①添加"依次读取数组中每个元素"命令，更改"值"属性为"单条信息"，点亮"数组"属性Exp后更改为"学生信息"。

②添加"在数组头部添加元素"命令，点亮"目标数组"属性Exp后更改为"单条信息"，点亮"添加元素"属性Exp后更改为i，如图5-15所示。

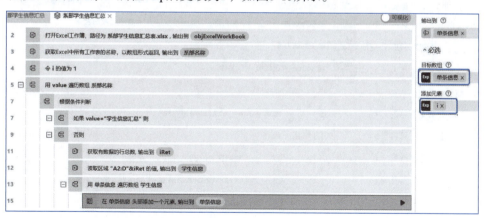

图5-15　在数组头部添加元素命令

（6）将学生信息全部写入"学生信息汇总"表中

①添加"写入行"命令，更改属性"工作表"为"学生信息汇总"，点亮"单元格"属性Exp后更改为""A"&i+1"，点亮"数据"属性Exp后更改为"单条信息"，如图5-16所示。

101

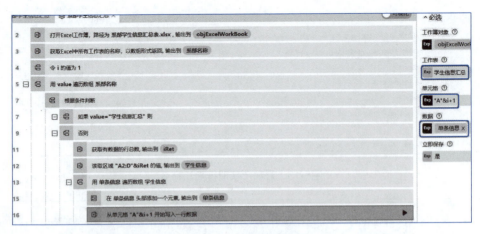

图5-16 写入行命令

②添加"变量赋值"命令，更改属性"变量名"为i，点亮"变量值"属性Exp后更改为i+1。

注意：从第5条命令到第15条命令之间存在着不同层次的缩进关系，注意逻辑关系的设置。

（7）关闭工作簿

在最外层结构中添加"关闭工作簿"命令，默认保存的同时关闭工作簿。

任务3　系部学生信息汇总机器人应用

1. 保存机器人

经过设计开发后，可视化界面如图5-17所示。

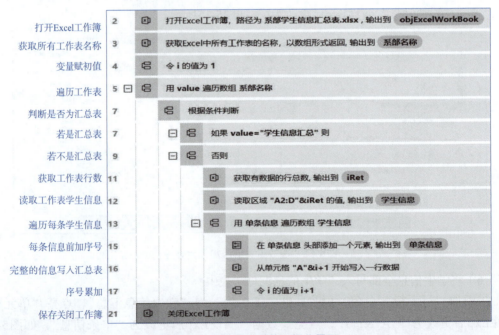

图5-17 设计开发后的可视化界面

2. 保存流程块并运行

① 保存并退出流程块编辑状态,如图5-18所示。

图5-18 保存界面

②保存流程并运行。添加"流程结束"流程块,连接后单击"保存""运行"按钮,如图5-19所示。

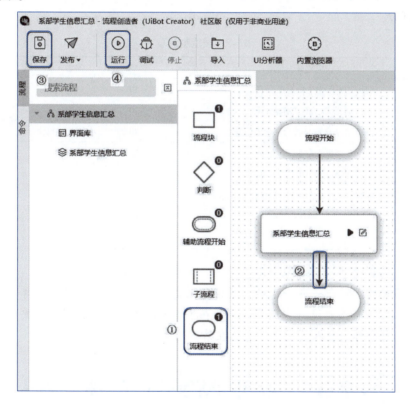

图5-19 保存流程并运行界面

项目重难点总结

重点:
①理解工作簿与工作表的区别。
②Excel自动化操作中的工作簿、工作表、单元格及行操作等命令。
③Excel中数据内容与单元格、字符串和区域的关系。

难点:
①利用条件判断进行工作表的区分。

②利用循环控制实现工作表的遍历和数据的输入。

测评与练习

1. 知识测评

在进行本项目学习实操之后，完成以下填空题以巩固相关知识点。
①在"系部学生信息汇总"项目中，RPA机器人首先执行的步骤是_____。
②获取所有工作表名称后赋值给一个数组，名称为_____。
③在遍历数据时，获取一个工作表中数据的行数，赋值给的变量为_____。

2. 能力测评

按表5-2中所列的操作要求，对自己完成的项目部分进行检查，操作完成得满分，未完成或错误得0分。

表5-2 技能测评表

序号	流程开发任务	分值	是否完成	自评分
1	打开"系部学生信息汇总表"工作簿	10		
2	获取所有工作表名称	10		
3	判断工作表名称是否为"学生信息汇总"	20		
4	提取专业学生信息	20		
5	在提取的学生信息前加序号	20		
6	将学生信息全部写入"学生信息汇总"	10		
7	关闭工作簿	10		
	总分			

3. 素质测评——课后拓展训练

公司人事处需要进行一年一次的人员信息汇总。在一个汇总信息工作簿中，每个部门都将各自的人员信息按照统一字段要求填写在了不同的工作表中，现在需要你在第一个工作表中，汇总每个部门的人员信息，并且在第一列生成人员序号。

项目2　社团招新信息汇总分析机器人

情景导入

学校A社团进行一年一度的招新活动，每个报名的同学递交了一份电子个人信息登记表（以Excel工作簿文件的形式）。作为社团干事，小明需要把每个报名表文件中的学号、姓名、专业、爱好信息提取、统计在一个Excel工作簿——"招新信息汇总表"中。传统的汇总方式是打开每个Excel报名表，寻找到学号、姓名、性别、专业、特长等信息（信息登记表中不仅仅是这些字段），一个个复制、粘贴到汇总表中，工作重复，步骤统一，难度极低，非常费时间且很枯燥。于是，他想寻找一种效率高的方法来轻松、快速地解决这个问题。

项目描述

帮小明设计一个机器人，能够自动打开多个Excel工作簿，自动提取每个表中学生的学号、姓名、性别、专业、特长等信息，填写到"招新信息汇总表"中，统计各专业人数，并生成各专业人数比例的饼图，将结果另存为一个新的工作簿，在文件名中加上当前日期。

项目实施

任务1　社团招新信息汇总分析机器人设计

设计RPA机器人模拟人工操作的步骤，先打开"招新信息汇总表"工作簿，然后分别打开每个报名学生的个人信息表，找到各自的学号、姓名、性别、专业、特长信息，填入汇总表中，然后统计各专业人数，并生成各专业人数比例的饼图，另存结果到一个新的工作簿，在文件名中加上当前日期。具体见表5-3。

表5-3　社团招新信息汇总分析机器人模拟人工操作步骤

步骤	流程描述	机器人/人工
1	打开"招新信息汇总表"工作簿	机器人
2	获取所有个人信息工作簿名称	机器人
3	遍历个人信息工作簿，读取并写入相关字段信息到汇总表工作簿	机器人
4	执行宏命令进行数据汇总，绘制饼图	机器人
5	获取当前日期	机器人
6	另存汇总表工作簿，加上日期信息	机器人
7	关闭Excel工作簿	机器人

根据指令设计思路，设计操作流程图，如图5-20所示。

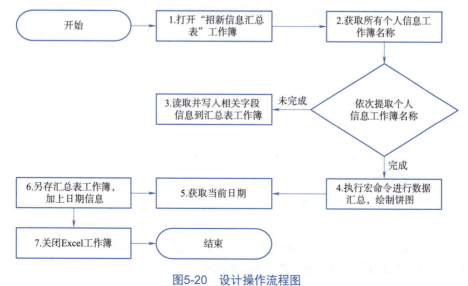

图5-20　设计操作流程图

任务2　社团招新信息汇总分析机器人开发

1. 开发操作准备

新建流程《社团招新信息汇总分析》，如图5-21所示，并将"招新信息汇总表.xls"和"素材"文件夹存放在流程文件夹res目录下，以便使用。

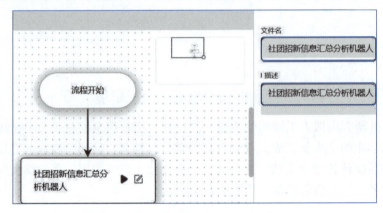

图5-21　社团招新信息汇总分析流程

2. 创建社团招新信息汇总分析机器人

（1）打开"招新信息汇总表"工作簿

添加"打开Excel工作簿"命令，在右侧属性栏中更改"文件路径"为"招新信息汇总表.xls"。

（2）获取所有个人信息工作簿名称

添加"获取文件或文件夹列表"命令，更改"路径"属性为"素材"，更改"列表内容"属性为"文件和文件夹"，如图5-22所示。

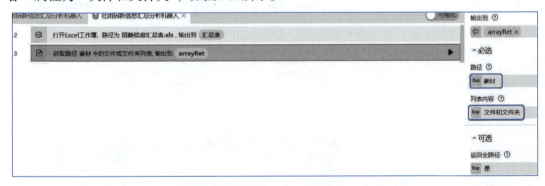

图5-22　获取文件或文件夹列表命令

（3）遍历个人信息工作簿，读取并写入相关字段信息到汇总表工作簿

①添加"变量赋值"命令，更改"变量名"属性为i，点亮"变量值"属性Exp后更改为2。

②遍历个人信息工作簿名称。添加"依次读取数组中每个元素"命令，更改"值"属性为value，点亮"数组"属性Exp后更改为arrayRet。

③添加"打开Excel工作簿"命令，点亮"文件路径"属性Exp后更改为value。

④依次查找读取表中学号、姓名、性别、专业、特长字段信息。五次添加"读取单元格"命令，在属性"单元格"中分别输入H3、B3、B4、H4、H5。

⑤添加"变量赋值"命令，更改"变量名"属性为"学生信息"，点亮"变量值"属性Exp后更改为"[学号,姓名,性别,专业,特长]"。

注意：这里的变量值为一个固定内容的数组，实际内容为上述"读取单元格"命令中获取的五个具体个人信息。

⑥将获取的个人信息写入汇总表。添加"写入行"命令，更改"立即保存"属性为"否"，点亮"单元格"属性Exp后更改为""A"&i"，点亮"数据"属性Exp后更改为"学生信息"，如图5-23所示。

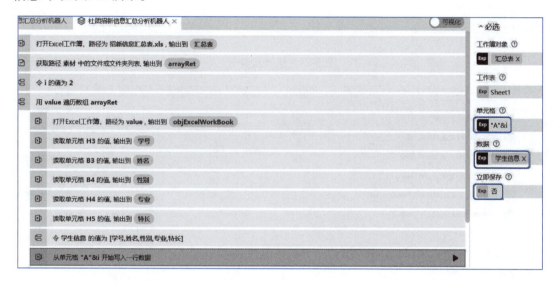

图5-23　写入行命令

⑦添加"变量赋值"命令，更改"变量名"属性为i，点亮"变量值"属性Exp后更改为i+1。

⑧添加"关闭Excel工作簿"命令，个人信息工作簿使用完毕后关闭。

（4）执行宏命令进行数据汇总，绘制饼图

添加"执行宏"命令，点亮"工作簿对象"属性Exp后更改为"汇总表"，更改"宏定义"属性为"图制作"，点亮"宏参数"属性Exp后更改为"[]"，如图5-24所示。

注意：Excel操作中只有xls格式才能调用外部宏，本项目素材"招新信息汇总表.xls"中已经插入了宏命令，名称为：图制作，所以这里"宏定义"属性设置名称统一，且没有调用的参数，所以"宏参数"用[]表示。

（5）获取当前日期

①添加"获取时间（日期）"命令，获取当前的日期信息。

②添加"格式化时间"命令，更改"格式"属性为yyyy-mm-dd，规范输出的日期格式，如图5-25所示。

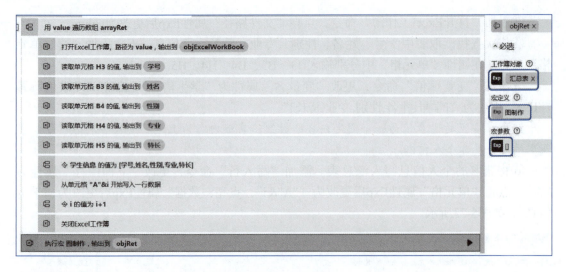

图5-24 执行宏命令

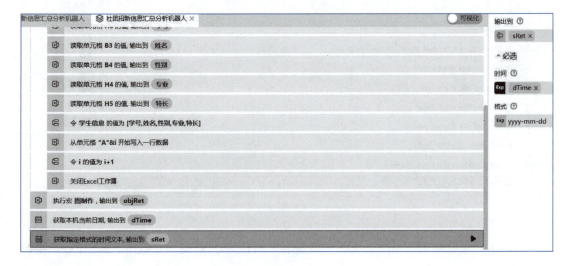

图5-25 格式化时间命令

（6）另存汇总表工作簿，加上日期信息

添加"另存Excel工作簿"命令，点亮"工作簿对象"属性Exp后更改为"汇总表"，点亮"文件路径"属性Exp后更改为"@res"招新信息汇总表"&sret&".xls""。

注意：变量前后分别加上&，用于和字符串之间进行连接。

（7）关闭Excel工作簿

添加"关闭Excel工作簿"命令，在汇总表进行所有操作并且另存之后，退出Excel。

任务3　社团招新信息汇总分析机器人应用

1．保存机器人

经过设计开发后，可视化界面如图5-26所示。

视频

社团招新汇总机器人

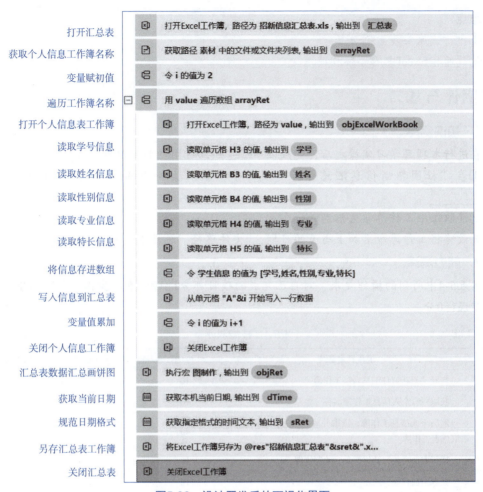

图5-26 设计开发后的可视化界面

2. 保存流程块并运行

① 退出流程块。退出流程块编辑状态后保存，如图5-27所示。

图5-27 保存界面

②保存流程并运行。添加"流程结束"流程块，连接后单击"保存""运行"按钮。

项目重难点总结

重点：
①RPA结合Excel的相关命令。
②变量赋值命令的灵活运用
③保存动态的工作簿文件名。

难点：
①执行宏来实现数据分析。
②数组在Excel中的理解和使用。

测评与练习

1．知识测评

在进行本项目学习实操之后，完成以下填空题以巩固相关知识点。
①在"社团招新信息汇总分析"项目中，获取素材中的多个工作簿赋值到的变量为_____。
②读取每个工作簿学生信息的命令是_____。
③最终将工作簿命名加上当天的日期，"文件路径"属性中应写入_____。

2．能力测评

按表5-4中所列的操作要求，对自己完成的项目部分进行检查，操作完成得满分，未完成或错误得0分。

表5-4 技能测评表

序号	流程开发任务	分值	是否完成	自评分
1	打开"招新信息汇总表"工作簿	10		
2	获取所有个人信息工作簿名称	10		
3	遍历个人信息工作簿，读取并写入相关字段信息到汇总表工作簿	40		
4	执行宏命令进行数据汇总，绘制饼图	10		
5	获取当前日期	10		
6	另存汇总表工作簿，加上日期信息	10		
7	关闭Excel工作簿	10		
	总分			

3．素质测评——课后拓展训练

今年的毕业季，学校将组织一次校园企业招聘会。每个企业都事先填写递交了招聘信息表。现在需要汇总参加招聘会各家企业的工作岗位、专业要求、所在区域、薪资收入信息内容，并汇总出各个区参加招聘的企业个数，绘制图表进行说明。

模块 6
Word 操作自动化

知识目标

◎ 理解RPA在文档处理中的应用价值。
◎ 熟悉Word文档和Excel工作簿的基本操作。
◎ 掌握RPA机器人流程设计的基本步骤和方法。
◎ 掌握RPA机器人关于Word自动化操作的常用命令。

能力目标

◎ 能够根据实际需求设计RPA流程，实现文档的自动化处理。
◎ 能够使用RPA机器人读取Excel数据，并批量填写到Word文档中。
◎ 能够将Word文档另存为PDF格式保存。

素养目标

◎ 培养良好的自动化办公意识和技能。
◎ 提高解决实际工作中文档处理问题的能力和效率。
◎ 加深对信息技术在自动化办公中应用的理解。

知识准备

Word是Office中的一款文字处理软件。使用它，可以方便地创建专业的文档。利用RPA，实现Word操作自动化，需要安装Office 2007以上版本，或者WPS 2016以上版本。在进行本模块机器人开发之前，需要先熟悉Word操作自动化的相关知识和命令。

视频 Word自动化基础与操作

1. 打开和关闭文档

用UiBot自动化操作Word文档时，首先需要打开文档，操作完成后，需要关闭已经打开的Word文档。

（1）打开文档

"打开文档"命令用于打开"文件路径"指定的Word文件，返回objWord对象。该命令有4个必选属性："文件路径"属性指定Word文件的路径，文件可以是doc、docx等格式，如果指定的文件不存在，UiBot会在指定路径新建一个同名的Word文件；"访问时密码"和"编辑时密码"属性分别对应于Word文档中设置的"打开文件时密码"和"修改文件时密码";"是否可见"指进行Word文档自动化操作时,是否显示Word软件界面。"打开文档"命令属性界面如图6-1所示。

（2）关闭文档

"关闭文档"命令关闭指定的文档对象。该命令有"文档对象"和"关闭进程"两个属性。"文档对象"属性指定需要关闭的文档对象。"关闭进程"属性设置为"是",表示在关闭文档时,关闭Word进程;反之,在关闭文档时不关闭Word进程。关闭文档时,默认保存文档内容。"关闭文档"命令属性界面如图6-2所示。

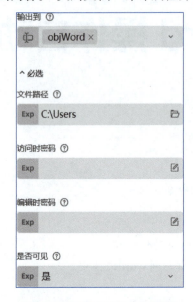

图6-1 "打开文档"命令属性

图6-2 "关闭文档"命令属性

（3）退出Word

"退出Word"命令关闭Word应用程序。该命令可与"关闭文档"命令组合使用。在自动处理多个Word文档时,可先设置"关闭文档"命令的"关闭进程"属性为"否",待多个Word文档处理完毕后,再通过"退出Word"命令关闭Word应用程序。

（4）保存文档

"保存文档"命令保存指定的Word文档。

（5）文档另存为

"文档另存为"命令将Word文档对象存为另一文档。"文档对象"属性指定待保存的文档对象。"文件路径"属性指定文档另存为的位置与文件名。"文档格式"属性指定保存文档的格式,扩展名可为.doc、.docx、.txt、.PDF等。"文档另存为"命令属性界面如图6-3所示。

2. 获取文档路径

"获取文档路径"命令获取已打开的Word文档文件路径。"获取文档路径"命令属性界面如图6-4所示。

3. 文件夹操作

用UiBot自动化操作Word文档时,往往批量生成多个文档,统一将这些文档归纳进一个文件夹中,便于管理。需要先判断文件夹是否存在,如果不存在,则创建文件夹。

模块 6　Word 操作自动化

图6-3　"文档另存为"命令属性

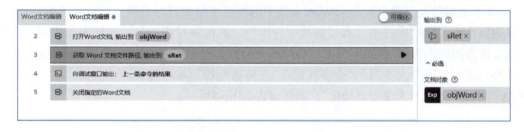

图6-4　"获取文档路径"命令设置

（1）判断文件夹是否存在

"判断文件夹是否存在"命令的作用是指定一个文件夹路径，判断路径对应的文件夹是否存在。返回布尔值，True表示存在，False表示不存在。"输出到"属性指命令运行后的结果赋值给此变量，这个变量往往与"如果条件成立"命令联合使用。"路径"属性可填写绝对路径，也可使用@res"路径"形式表示当前流程res文件夹下的路径。例如，判断文件夹"录取通知书"是否存在，将结果赋值给变量"文件夹"，如图6-5所示。

（2）如果条件成立则执行后续操作

"如果条件成立"命令指的是如果表达式为真，则执行Yes Block语句块，否则执行No Block语句块。ElseIf语句可以出现多次，对应更多的条件分支，ElseIf、Else语句如果不需要可以不编写，对应的语句块也不需要编写。例如，接着上述"判断文件夹是否存在"命令举例，如果"录取通知书"文件夹不存在，则创建"录取通知书"文件夹，如图6-6所示。

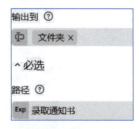

图6-5　"判断文件夹是否存在"命令属性

图6-6 "如果条件成立"命令设置

（3）创建文件夹

"创建文件夹"命令指的是按指定的路径创建文件夹。

4. 查找文本后设置光标位置

"查找文本后设置光标位置"命令是指在Word文档中查找指定的文本，并相对第一个查找到的文本设置光标位置。该命令有三个属性："文档对象"属性指的是查找的Word文档对象；"文本内容"属性指的是在Word文档中需要查找的文本内容；"相对位置"属性是指设置光标相对于文本的位置，有"选中文本""光标在文本之前""光标在文本之后"三种选择。如果是后续需要在此处写入新的内容，可以选择"选中文本"。

5. 写入文字

"写入文字"命令是向Word文档光标所在的位置写入文字，如果有选中内容则替换选中的内容。"文档对象"属性指的是作用的Word文档对象，"写入内容"属性指的是写入的文字内容，例如，指定的位置写入"你好"，设置如图6-7所示。

6. 文字批量替换

"文字批量替换"命令是指对Word文档中的特定字符串进行替换。该命令的属性较多，主要的属性有"匹配字符串"和"替换字符串"。"匹配字符串"是指文档中查找到进行匹配需要替换掉的内容。"替换字符串"指的是替换掉文档中现有内容的新字符串。除了必选属性外，还有"区分大小写""全字匹配""支持通配符"等可选属性。例如，将文档中的"RPA"替换为"机器人流程自动化"，属性设置如图6-8所示。

图6-7 "写入文字"命令属性　　　　图6-8 "文字批量替换"命令设置

项目1　批量生成录取通知书机器人

情景导入

高考结束了，迎来了录取的高峰。学校将为录取的几千名学生发放录取通知书。传统的做法，要将每个录取学生名单复制粘贴到通知书模板中，操作简单重复，且耗时较长。现在需要设计一个机器人，自动完成每个录取人员通知书的制作。

项目描述

设计开发一个批量生成录取通知书的机器人，在录取通知书Word模板文档中，打开含有录取人员名单的Excel文件，依次自动插入每个录取人员的姓名，以人员为单位，生成每份录取通知书Word文档，保存每个文件在一个新建的文件夹中。

项目实施

任务1　批量生成录取通知书机器人设计

RPA机器人模拟人工操作步骤，在"录取通知书模板.docx"文档中，依次自动插入Excel文件中每个录取人员的姓名，批量生成每个录取人员的录取通知书文档，存放在新建的文件夹中。具体见表6-1。

表6-1　批量生成录取通知书机器人模拟人工操作步骤

步骤	流程描述	机器人／人工
1	确保Word应用程序关闭	机器人
2	创建文件夹	机器人
3	获取录取人员姓名	机器人
4	写入录取人员姓名	机器人
5	另存Word文档到指定文件夹内	机器人
6	关闭文档	机器人
7	还原录取通知书模板	机器人
8	判断填写完毕	机器人

根据指令设计思路，设计操作流程图，如图6-9所示。

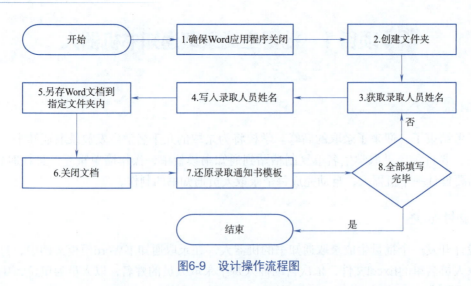

图6-9 设计操作流程图

任务2　批量生成录取通知书机器人开发

1. 开发操作准备

新建流程《批量生成录取通知书》，并将"录取人员信息.xlsx"和"录取通知书模板.docx"两个文件存放在流程文件夹res目录下，以便使用。单击"编辑"按钮，进入主模块的开发，如图6-10所示。

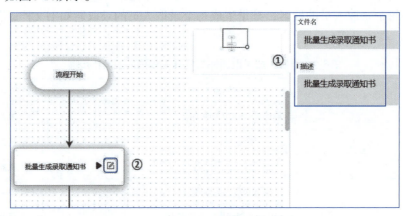

图6-10 新建流程

2. 创建批量生成录取通知书机器人

（1）关闭应用

在"搜索命令"文本框中输入"关闭应用"，找到"关闭应用"命令双击添加，更改"进程名或PID"属性为winword.exe，如图6-11所示。

注意：在运行机器人之前，可能有Word文档处于打开状态。为了避免机器人运行过程中出错，先用"关闭应用"命令确保Word应用程序处于关闭状态。

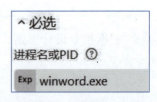

图6-11 关闭应用命令

（2）创建文件夹

①添加"判断文件夹是否存在"命令，更改"输出到"属性为"文件夹"，点亮"路径"属性Exp后更改为"@res"录取通知书""，如图6-12所示。

②添加"如果条件成立"命令，点亮"判断表达式"属性Exp后更改为"文件夹=false"。

③在"如果条件成立则执行后续操作"命令内部添加"创建文件夹"命令，点亮"路径"属性Exp后更改为"@res"录取通知书""。

注意：创建文件夹的三条命令是联合使用的。第一条命令先判断文件夹是否存在，输出变量"文件夹"；第二条命令和第三条命令共同实现文件夹不存在，则创建目标文件夹的效果。

（3）获取录取人员姓名

①在"搜索命令"文本框中输入"打开Excel工作簿"，双击添加"打开Excel工作簿"命令，如图6-13所示，在右侧属性栏中更改"文件路径"为"录取人员信息.xlsx"，如图6-14所示。

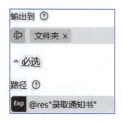

图6-12 "判断文件夹是否存在"命令属性

图6-13 搜索"打开Excel工作簿"命令

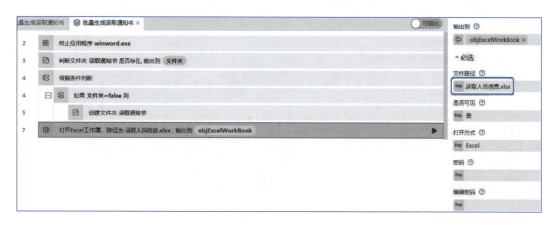

图6-14 "打开Excel工作簿"命令属性

②添加"读取区域"命令，更改"区域"属性为A2；"输出到"为"录取人员"，如图6-15所示。

③添加"关闭Excel工作簿"命令，如图6-16所示。

（4）写入录取人员姓名

①添加"打开文档"命令，更改"文件路径"属性为"录取通知书模板.docx"，如图6-17所示。

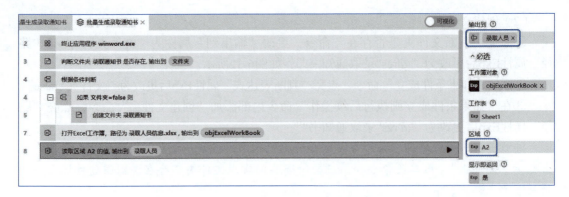

图6-15 "读取区域"命令属性

图6-16 "关闭Excel工作簿"命令

图6-17 "打开文档"命令属性

②遍历录取人员。添加"依次读取数组中每个元素"命令，点亮"数组"属性Exp后更改为"录取人员"，如图6-18所示。

③查找录取通知书模板中录取人员姓名定位。在"依次读取数组中每个元素"命令内部添加"查找文本后设置光标位置"命令，更改"文本内容"属性为"[学生姓名]"；更改"相对位置"属性为"选中文本"，如图6-19所示。

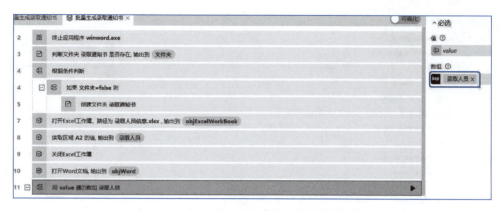

图6-18 "依次读取数组中每个元素"命令属性

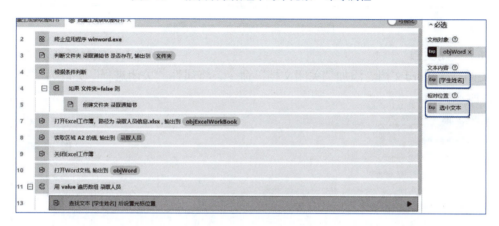

图6-19 "查找文本后设置光标位置"命令属性

④写入录取人员姓名。添加"写入文字"命令,点亮"写入内容"属性Exp后更改为value[0],如图6-20所示。

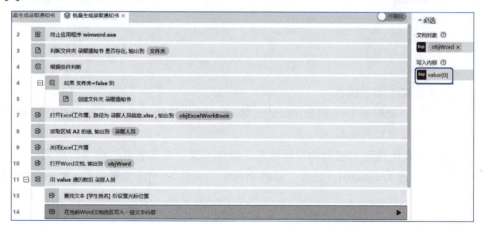

图6-20 "写入文字"命令属性

（5）另存Word文档到指定文件夹内

添加"文档另存为"命令,点亮"文件路径"属性Exp后更改为"@res"录取通知书\\"&value[0]&".docx"",如图6-21所示。

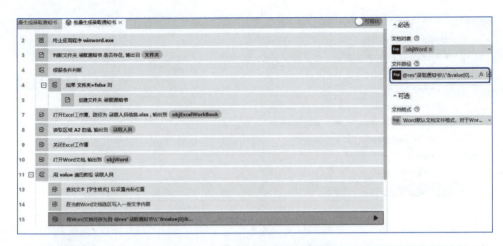

图6-21 "文档另存为"命令属性

（6）关闭文档

关闭指定Word文档。添加"关闭文档"命令，将属性"关闭进程"更改为"否"，如图6-22所示。

图6-22 "关闭文档"命令属性

（7）还原录取通知书模板

①重新打开"录取通知书模板.docx"。添加"打开文档"命令，在属性栏中更改"文件路径"为"录取通知书模板.docx"。

②还原录取人员姓名为初始的模板状态。添加"文字批量替换"命令，点亮"匹配字符串"属性Exp后更改为value[0]，更改"替换字符串"属性为"[学生姓名]"，如图6-23所示。

注意：还原模板是为了再次回到"写入录取人员姓名"那步做准备，循环执行每个录取人员通知书的制作，以完成所有通知书文件的生成及保存。

（8）判断填写完毕

①逻辑步骤结束，实际上人工无须操作，由机器人自动判断。

②退出Word文档。添加"退出Word"命令，即可关闭Word文档的同时退出应用程序，如图6-24所示。

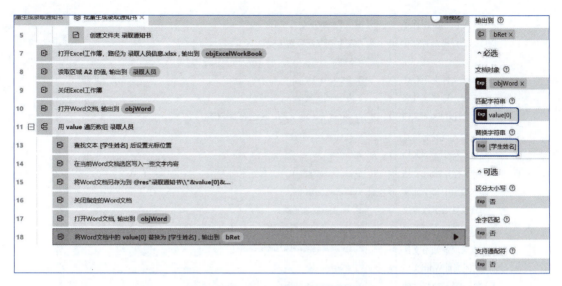

图6-23 "文字批量替换"命令属性

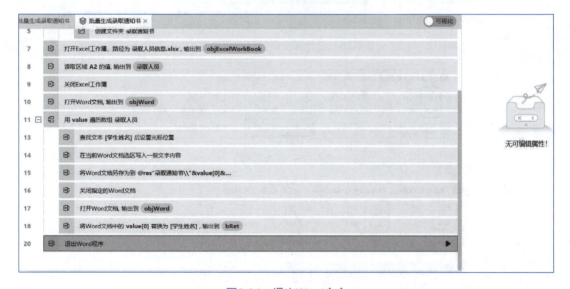

图6-24 退出Word命令

任务3　批量生成录取通知书机器人应用

1. 保存机器人

经过设计开发后，可视化界面如图6-25所示。

2. 保存流程块并运行

①退出流程块。退出流程块编辑状态后保存，如图6-26所示。

②保存流程并运行。添加"流程结束"流程块，连接后单击"保存""运行"按钮，如图6-27所示。

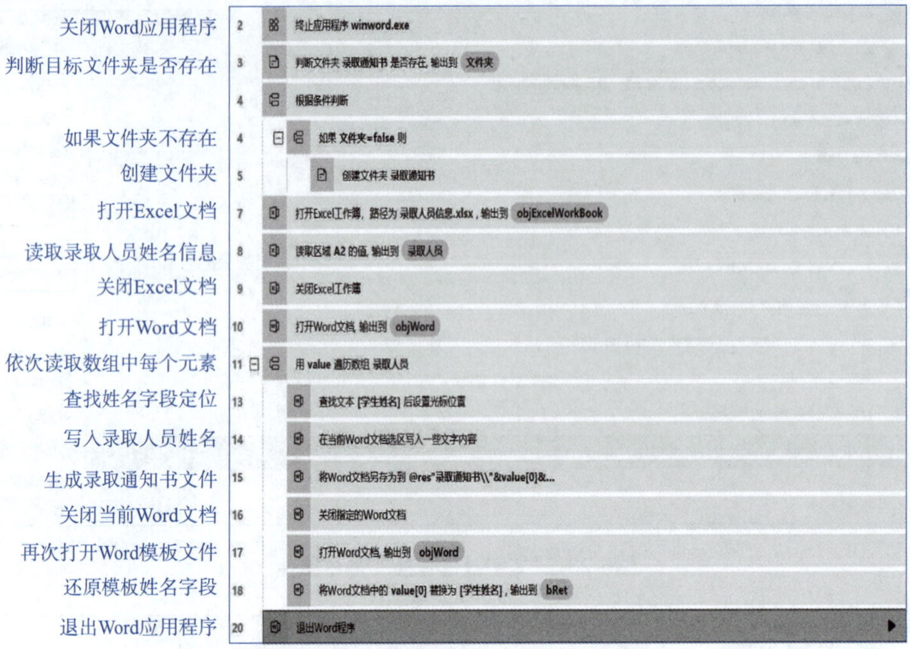

图6-25 设计开发后的可视化界面

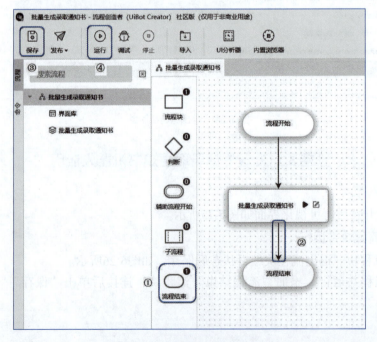

图6-26 保存界面

图6-27 保存流程并运行界面

项目重难点总结

重点：
①Word自动化操作中的文档打开、关闭、保存等命令，文本定位、写入等命令。
②Excel自动化操作中对数据的提取。
③动态创建文件夹和文件路径管理操作。

难点：
①Word批量处理自动化流程设计。
②利用条件与循环控制实现数据的遍历。

测评与练习

1. 知识测评

在进行本项目学习实操之后，完成以下填空题以巩固相关知识点。
①在"批量填写录取通知书"项目中，RPA机器人首先执行的步骤是_____。
②在Word文档中，为了写入新的内容，通常需要使用的RPA命令是_____。
③为了确保RPA机器人在完成所有录取通知书的填写后能够自动停止，通常需要在流程中添加_____流程块。

2. 能力测评

按表6-2中所列的操作要求，对自己完成的项目部分进行检查，操作完成得满分，未完成或错误得0分。

表6-2 技能测评表

序号	流程开发任务	分值	是否完成	自评分
1	确保Word应用程序关闭	10		
2	创建文件夹	10		
3	获取录取人员姓名	10		
4	写入录取人员姓名	30		
5	另存为Word文档到指定文件夹内	10		
6	关闭文档	10		
7	还原录取通知书模板	10		
8	判断填写完毕，退出Word	10		
	总分			

3. 素质测评——课后拓展训练

假设你需要为一组文档（如市场分析报告、产品说明书等）中的每一个文档批量替换特定的关键词，如将所有文档中的"旧产品名"替换为"新产品名"。请设计开发一个机器人，自动完成每个文档中关键词的替换。

项目 2 批量生成邀请函机器人

情景导入

一年一度的年会即将到来，秘书小敏需要给公司每个人员制作一封年会邀请函。传统的方式首先需要制作一个模板，然后在模板中将每个员工的部门、姓名信息添加进去，并另存为图片，交给印刷厂制作成帖子，最后发放给员工。这家公司员工有近千人，秘书小敏将名字一个个添加到模板这个环节，操作简单，重复量大，需要消耗较长的工作时间。于是小敏希望制作一个流程机器人，能够快速、准确、自动地完成这项工作。

项目描述

设计开发一个批量生成邀请函的机器人，能够在邀请函模板文档中，自动插入含有员工信息工作簿中每个员工的部门、姓名信息，批量生成每份邀请函的PDF文件，存放在新的文件夹中。

项目实施

任务1 批量生成邀请函机器人设计

RPA机器人模拟人工操作步骤，在Word模板文档中，依次自动插入Excel文件中的每个员工的姓名，生成每个员工的邀请函图片文件，存放在新建的文件夹中。具体见表6-3。

表6-3 批量生成邀请函机器人模拟人工操作步骤

步骤	流程描述	机器人/人工
1	读取被邀请人信息	机器人
2	创建文件夹	机器人
3	写入被邀请人信息	机器人
4	另存为PDF到指定文件夹内	机器人
5	关闭文档	机器人
6	还原邀请函模板	机器人
7	判断填写完毕	机器人

根据指令设计思路，设计操作流程图，如图6-28所示。

模块 6　Word 操作自动化

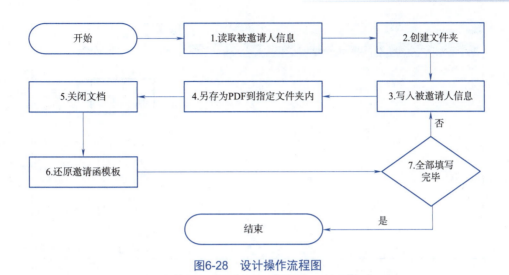

图6-28　设计操作流程图

任务2　批量生成邀请函机器人开发

1. 开发操作准备

新建流程《批量生成邀请函》，如图6-29所示，并将"名单.xlsx"和"邀请函模板.docx"两个文件存放在流程文件夹res目录下，以便使用。

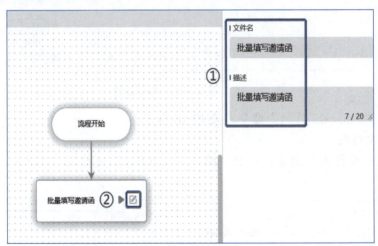

图6-29　新建批量生成邀请函流程

2. 创建批量生成邀请函机器人

（1）读取邀请人信息

①添加"打开Excel工作簿"命令，在右侧属性栏中更改"文件路径"为"名单.xlsx"，如图6-30所示。

②添加"读取区域"命令，更改"区域"属性为A2；"输出到"为邀请人，如图6-31所示。

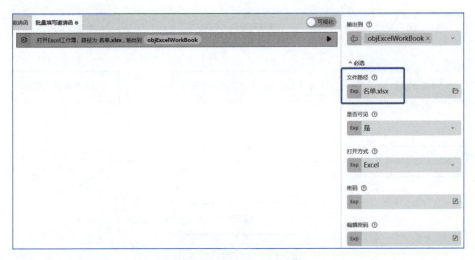

图6-30 "打开Excel工作簿"命令属性

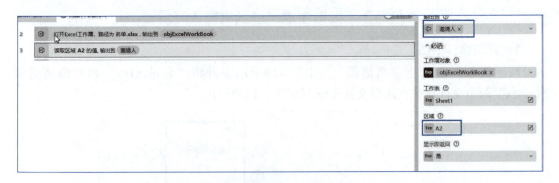

图6-31 "读取区域"命令属性

③添加"关闭Excel工作簿"命令,关闭Excel文档。

(2)创建文件夹

添加"创建文件夹"命令,点亮"路径"属性Exp后更改为"@res"邀请帖"",如图6-32所示。

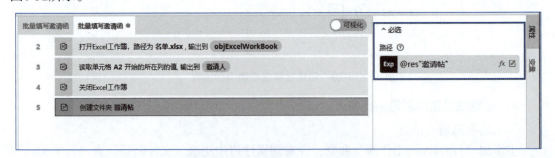

图6-32 "创建文件夹"命令属性

注意:这里也可以参照模块6项目1的方式,先判断文件夹是否存在,再建立。

(3)写入被邀请人信息

①添加"打开文档"命令,更改"文件路径"属性为"邀请函模板.docx"。

②遍历邀请人。添加"依次读取数组中每个元素"命令，点亮"数组"属性Exp后更改为"邀请人"，如图6-33所示。

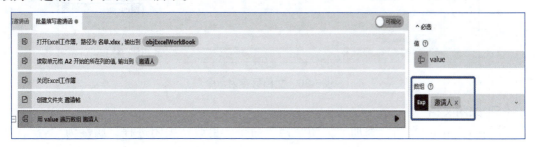

图6-33 "依次读取数组中每个元素"命令属性

③查找邀请函中邀请人姓名定位。添加"查找文本后设置光标位置"命令，更改"文本内容"属性为"[员工姓名]"，更改"相对位置"属性为"选中文本"，如图6-34所示。

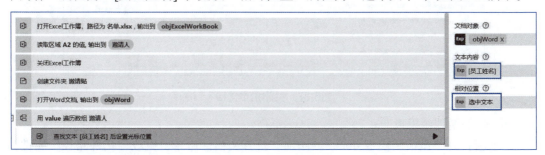

图6-34 "查找文本后设置光标位置"命令属性

④写入邀请人名称。添加"写入文字"命令，点亮"写入内容"属性Exp后更改为value[0]，如图6-35所示。

图6-35 "写入文字"命令属性

⑤查找邀请函中邀请人的部门定位，写入邀请人部门。添加"查找文本后设置光标位置"命令，更改"文本内容"属性为"[部门名称]"，更改"相对位置"属性为"选中文本"。添加"写入文字"命令，点亮"写入内容"属性Exp后更改为value[1]。

注意：这里需要用到数组中的两个变量值，注意书写正确。

（4）另存为PDF到指定文件夹内

添加"文档另存为"命令，点亮"文件路径"属性Exp后更改为"@res"邀请帖\\"&value[0]&"-"&value[1]&".pdf""；更改"文档格式"属性为"PDF格式"，如图6-36所示。

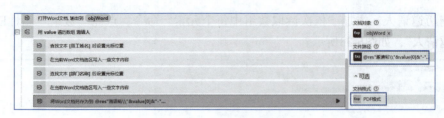

图6-36 文档另存为命令

（5）关闭文档

关闭指定Word文档。添加"关闭文档"命令，更改"关闭进程"属性为"否"，如图6-37所示。

图6-37 关闭指定文档

（6）还原邀请函模板

①重新打开"邀请函模板.docx"。添加"打开文档"命令，更改"文件路径"属性为"邀请函模板.docx"。

②还原被邀请人姓名为初始的模板状态。添加"文字批量替换"命令，点亮"匹配字符串"属性Exp后更改为value[0]，更改"替换字符串"属性为"[员工姓名]"，如图6-38所示。

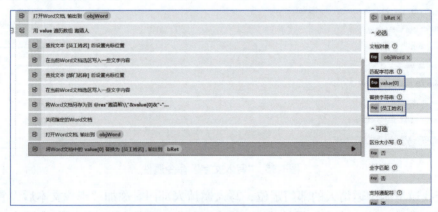

图6-38 "文字批量替换"命令属性

③还原被邀请人部门为初始的模板状态。添加"文字批量替换"命令，点亮"匹配字符串"属性Exp后更改为value[1]，更改"替换字符串"属性为"[部门名称]"。

注意：还原后，会再次回到"写入被邀请人信息"那步，循环执行每个员工邀请函的制作，以完成所有邀请函PDF文件的生成。

（7）判断填写完毕

①由机器人自动判断。

②退出Word文档。自动判断填写完毕后，添加"退出Word"命令，即可关闭Word文档的同时退出应用程序，如图6-39所示。

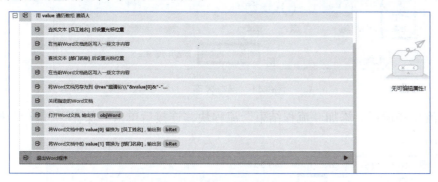

图6-39 "退出Word"命令

视 频

批量生成邀请函机器人

任务3　批量生成邀请函机器人应用

1. 保存机器人

经过设计开发后，可视化界面如图6-40所示。

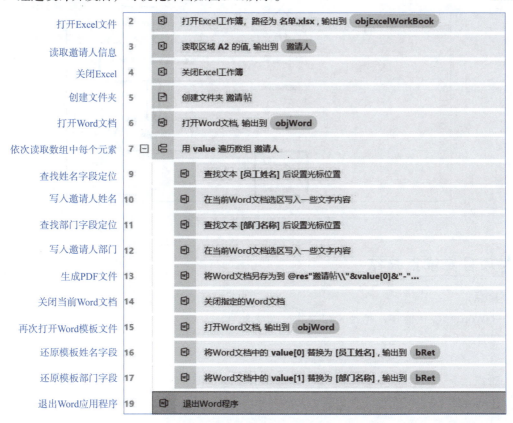

图6-40　设计开发后的可视化界面

2. 保存流程块并运行

①退出流程块。退出流程块编辑状态后保存，如图6-41所示。

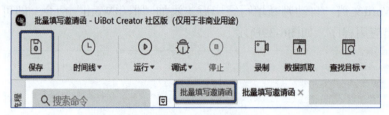

图6-41 保存界面

②保存流程并运行。添加"流程结束"流程块，连接后单击"保存""运行"按钮，如图6-42所示。

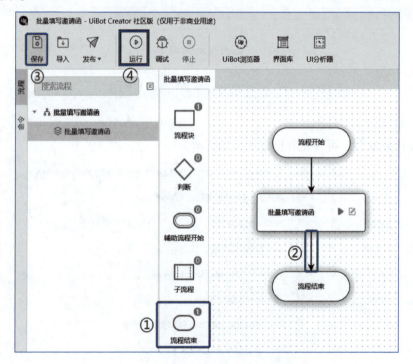

图6-42 保存流程并运行界面

项目重难点总结

重点：

①Word自动化操作，包括文档操作、文本处理。
②Excel对数据处理的自动化操作。
③创建文件夹和文件路径管理操作。

难点：

①Word文档不同类型文件的保存。
②二维数组的使用。

测评与练习

1. 知识测评

在进行本项目学习实操之后，完成以下填空题以巩固相关知识点。

①在"批量填写邀请函"项目中，RPA机器人首先执行的步骤是_____。

②在Word文档中，生成的每一份邀请函PDF文件要求以"姓名-部门.pdf"命名，属性"文件路径"应该填写_____。

③为了确保RPA机器人在完成所有邀请函的填写后能够完全退出Word，需要执行的命令是_____。

2. 能力测评

按表6-4中所列的操作要求，对自己完成的项目部分进行检查，操作完成得满分，未完成或错误得0分。

表6-4 技能测评表

序号	流程开发任务	分值	是否完成	自评分
1	读取被邀请人信息	20		
2	创建文件夹	10		
3	写入被邀请人信息	20		
4	另存为PDF到指定文件夹内	10		
5	关闭文档	10		
6	还原邀请函模板	10		
7	判断填写完毕	20		
总分				

3. 素质测评——课后拓展训练

一年一度的全校信息技术技能大赛成绩公布，需要给获奖的同学颁发获奖证书。请设计一个机器人，能够在证书模板适当位置，自动插入每个获奖同学的姓名、专业，批量生成所有同学的证书文件，存放在一个指定文件夹中，便于及时打印。

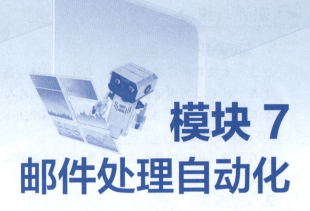

模块 7
邮件处理自动化

知识目标

◎理解RPA在邮件处理中的应用价值。
◎理解RPA在SMTP和IMAP下的使用区别。
◎掌握RPA机器人关于邮件处理的常用命令。
◎掌握RPA机器人流程设计的基本步骤和方法。

能力目标

◎能够配置不同邮箱的SMTP和IMAP服务器设置。
◎能够应用RPA工具个性化设置自动回复邮件模板。
◎能够识别并解决RPA邮件处理自动化流程中的常见问题。
◎能够配合Excel、Word的使用,完成复杂的邮件处理流程设计。

素养目标

◎培养良好的流程设计思维,能够根据业务需求设计合理的邮件处理自动化流程。
◎能够分析流程中的瓶颈和问题,提出有效的解决方案。
◎能够主动探索RPA工具中不同种类的邮件处理技术,提高邮件处理自动化的效率和准确性。

知识准备

电子邮箱是一种基于计算机和通信网络的信息传递业务,利用电信号传递和存储信息的方式为用户提供传送电子信函、文件数字传真、图像和数字化语音等类型的信息。电子邮件可以使人们在任何地方、时间收、发信件,解决了时空的限制,大大提高了工作效率。利用RPA,可以实现电子邮件处理自动化,减少重复烦琐的工作。在进行本模块机器人开发之前,需要先熟悉邮件处理自动化的相关知识和命令。

视频
邮件处理自动化知识准备

1. 连接邮箱

SMTP和IMAP是电子邮件系统中两个重要的协议,它们各自负责不同的任务,SMTP用于邮件发送和转发,负责将邮件从客户端传输到目的邮件服务器,而IMAP则用于邮件接收和管理,负责从服务器同步和管理邮件内容,两者互补确保邮件的正常传输和有效管理。

用UiBot自动化处理邮件时，首先需要连接邮箱。

注意：在运行机器人之前，需要确保所操作的邮箱在"设置"界面已开启POP3/SMTP/IMAP服务。成功开启后，可获得授权密码，在连接邮箱时作为登录密码输入。

（1）连接邮箱（SMTP）

SMTP/POP分类下的"连接邮箱"命令用于发送邮件前与电子邮箱建立连接，返回objMail对象。该命令有6个必选属性："服务器地址"属性指定电子邮箱的SMTP服务器地址，如qq邮箱对应的SMTP服务器地址是smtp.qq.com；"登录账号"属性指定所操作邮箱的账号；"登录密码"属性指的是邮箱的授权密码，而不是邮箱的登录密码；"使用协议""服务器端口""SSL加密"属性为配置属性，一般可使用默认值。属性界面如图7-1所示。

（2）连接邮箱（IMAP）

IMAP分类下的"连接邮箱"命令用于接收邮件前与电子邮箱建立连接，返回objIMAP对象。该命令有6个必选属性："服务器地址"属性指定电子邮箱的IMAP服务器地址，如qq邮箱对应的IMAP服务器地址是imap.qq.com；"登录账号"和"邮箱地址"属性指的是所操作邮箱的账号；"登录密码"属性同样指的是邮箱的授权密码，而不是邮箱的登录密码；"服务器端口"和"SSL加密"属性为配置属性，一般可使用默认值。属性界面如图7-2所示。

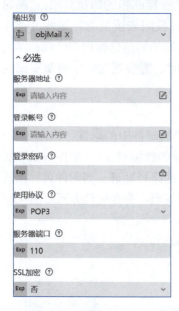 

图7-1　SMTP/POP分类下的"连接邮箱"命令属性　　图7-2　IMAP分类下的"连接邮箱"命令属性

2. 发送邮件

"发送邮件"命令通过SMTP服务器进行邮件发送。该命令有11个属性，返回bRet对象。"SMTP服务器"属性指定电子邮箱的SMTP服务器地址；"服务器端口"和"SSL加密"属性为配置属性，一般可使用默认值；"登录账号"和"发件人"属性指的是所操作邮箱的账号；"登录密码"属性指的是邮箱的授权密码；"收件人"属性是指收件人的邮箱地址；"抄送"属性是指发送邮件时抄送的邮箱地址，可省略；"邮件标题"和"邮件正文"分别是发送邮件的标题和正文；"邮件附件"属性添加所发送附件的地址。属性界面如图7-3所示。

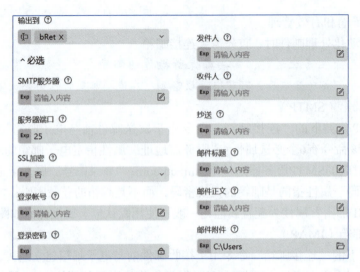

图7-3 "发送邮件"命令属性

3. 获取邮件列表

IMAP列表下的"获取邮件列表"命令可获取已连接邮箱的收件箱邮件列表。该命令有6个属性，返回arrayRet对象："邮箱对象"属性是指已连接邮箱的邮箱对象；"邮箱文件夹"属性指的是已连接邮箱的收件箱或其他邮件列表；"仅限未读消息"属性可选择是否只读取未读邮件；"标记为已读"属性指定是否将已检索的邮箱信息标记为已读；"字符集"属性可指定汉字编码字符集，当附件名称出现中文乱码时，需要通过"字符集"属性设置正确的字符集进行解码。命令属性界面如图7-4所示。

4. 下载附件

IMAP列表下的"下载附件"命令可下载已连接邮箱的邮件中的附件。该命令有4个属性，返回arrayRet对象："邮箱对象"属性是指已连接邮箱的邮箱对象；"邮件对象"属性是指已获取的邮件对象；"存储路径"属性指的是附件保存的路径地址；当附件名称出现中文乱码时，需要通过"字符集"属性设置正确的字符集进行解码。命令属性界面如图7-5所示。

图7-4 "获取邮件列表"命令属性

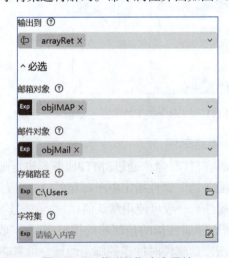

图7-5 "下载附件"命令属性

5. 断开邮箱连接

用UiBot完成邮件处理后，需使用"断开邮箱连接"命令断开所操作邮箱的连接。该命令只有一个属性"邮箱对象"，对应已完成邮件处理的邮箱。命令属性界面如图7-6所示。

图7-6 "断开邮箱连接"命令属性

注意：邮件自动化处理亦可通过软件Outlook和IBM Notes下的命令实现，如"发送邮件""下载附件"等，这里只介绍通过SMTP/IMAP服务器的命令进行邮件处理。

项目1　批量发送作业要求机器人

情景导入

每节课后，任课老师根据班级学生名单，为每个学生发送邮件，说明课程作业的要求。为了体现老师关怀，老师为每个学生的电子邮箱单独发送邮件。现在需要设计一个机器人，自动完成每个学生的邮件发送。

项目描述

设计开发一个批量发送邮件的机器人，打开含有学生详细信息的学生名单Excel文档，在邮件中，自动填写每个学生的邮箱地址，插入学生姓名，输入邮件的内容以及添加作业模板附件，完成与每个学生的邮件沟通。

项目实施

任务1　批量发送作业要求机器人设计

RPA机器人模拟人工操作步骤，连接邮箱后，在新邮件中依次自动写入每个学生的邮箱地址、姓名和邮件内容，并添加附件，批量发送邮件。具体见表7-1。

表7-1　批量发送作业要求机器人模拟人工操作步骤

步骤	流程描述	机器人/人工
1	连接发邮件的SMTP服务器	机器人
2	打开学生名单Excel文档	机器人
3	读取学生姓名和邮箱等信息	机器人
4	在新邮件中写入学生邮箱地址	机器人
5	在新邮件中写入学生姓名及邮件内容	机器人

续表

步骤	流程描述	机器人/人工
6	在新邮件中添加作业模板附件	机器人
7	发送邮件	机器人
8	关闭Excel文档	机器人
9	断开邮箱连接	机器人

根据指令设计思路，设计操作流程图，如图7-7所示。

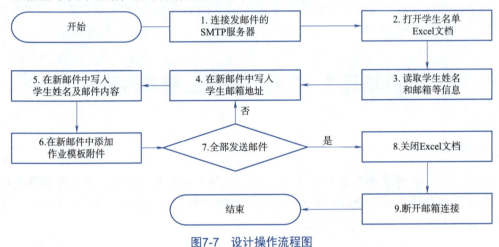

图7-7　设计操作流程图

任务2　批量发送作业要求机器人开发

1. 开发操作准备

新建流程《批量发送作业要求》，并将"学生名单.xlsx"和"作业模板文件.docx"两个文件存放在流程文件夹res目录下，以便使用。单击"编辑"按钮，进入主模块的开发，如图7-8所示。

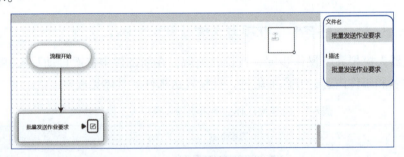

图7-8　新建流程

2. 创建批量发送作业要求机器人

（1）连接发邮件的SMTP服务器

在"搜索命令"文本框中输入"连接邮箱"，找到SMTP/POP分类下的"连接邮箱"命令，双击添加。以yeah邮箱为例，更改"服务器地址"属性为smtp.yeah.net，"登录账号"

为老师所用yeah邮箱，即sppc_lxy2024@yeah.net，单击"登录密码"属性右侧的小锁图标输入邮箱的授权密码，如图7-9所示。

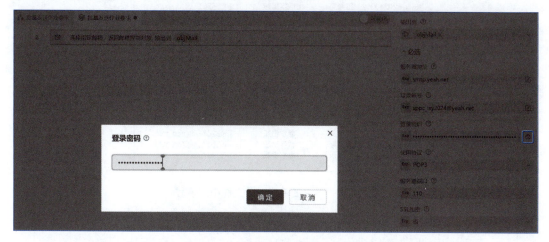

图7-9 "连接邮箱"命令属性

（2）打开学生名单Excel文档

添加"打开Excel工作簿"命令，点亮"文件路径"属性Exp后更改为"@res"学生名单.xlsx""，即打开流程文件夹res下的"学生名单.xlsx"文件，更改"输出到"属性为"学生名单"，如图7-10所示。

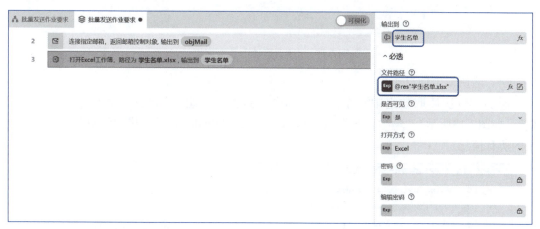

图7-10 "打开Excel工作簿"命令属性

（3）读取学生姓名和邮箱等信息

观察"学生名单.xlsx"文件中的信息，如图7-11所示，从A2单元格之后为有用的学生信息。

添加"读取区域"命令，点亮"工作簿对象"属性Exp后更改为"学生名单"，更改"区域"属性为A2，即可读取A2单元格之后的信息，更改"输出到"属性为"学生信息"，如图7-12所示。

	A	B	C	D
1	学号	姓名	专业	邮箱
2	B20240001	李福德	数字出版	24830647@qq.com
3	B20240002	王雨婷	数字出版	25456121@qq.com
4	B20240003	赵松涛	数字出版	06994297@qq.com
5	B20240004	刘茜茜	数字出版	85172835@qq.com
6	B20240005	钱塑	数字出版	94784140@qq.com
7	B20240006	张丹峰	数字出版	95996610@qq.com
8	B20240007	赵琴	数字出版	0703293@qq.com
9	B20240008	李迪	数字出版	4987476@qq.com
10	B20240009	孙慧能	数字出版	30206049@qq.com
11	B20240010	周雯雯	数字出版	91634820@qq.com
12	B20240011	吴成	数字出版	37923574@qq.com
13	B20240012	王甘	数字出版	60788732@qq.com
14	B20240013	刘宇	数字出版	818264776@163.com
15	B20240014	王康	数字出版	98267738@qq.com
16	B20240015	周素素	数字出版	69537134@qq.com
17	B20240016	杨乐乐	数字出版	24447652@qq.com
18				

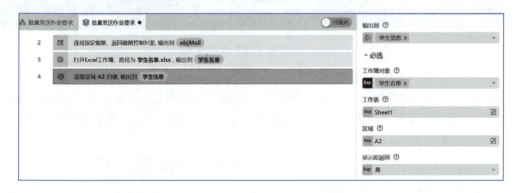

图7-11 “学生名单.xlsx”文件中的信息

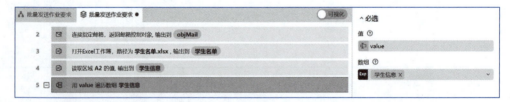

图7-12 “读取区域”命令属性

（4）遍历学生信息

添加“依次读取数组中每个元素”命令，点亮“数组”属性Exp后更改为“学生信息”，如图7-13所示。“学生信息”为二维数组对象，则value表示一维数组对象，为一位学生的所有信息。

图7-13 “依次读取数组中每个元素”命令属性

（5）为每个学生发送邮件

①添加SMTP/POP分类下的“发送邮件”命令。更改“SMTP服务器”属性为smtp.yeah.net，更改“登录账号”和“发件人”属性为老师的邮箱，即sppc_lxy2024@yeah.net，更改“登录密码”属性为邮箱的授权密码，如图7-14所示。

②在新邮件中写入学生邮箱地址。点亮“发送邮件”命令的“收件人”属性Exp后更改为value[3]，如图7-15所示。数组value中位置为3的元素对应此学生的邮箱地址。

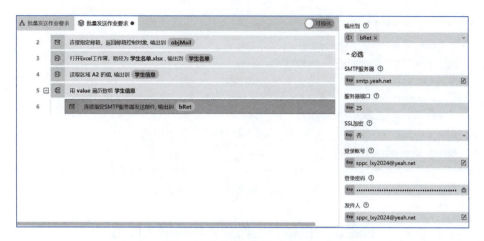

图7-14 "发送邮件"命令属性

③在新邮件中写入学生姓名及邮件内容。点亮"发送邮件"命令的"邮件标题"属性Exp后更改为"作业要求",点亮"邮件正文"属性Exp后更改为"value[1]&"同学,你好!本次作业要求在本周内完成并发送邮件提交,邮件标题为"作业",附件为本次作业的模板文件。"",如图7-15所示。value[1]对应此学生的姓名。

④在新邮件中添加作业模板附件。点亮"发送邮件"命令的"邮件附件"属性Exp后更改为"@res"作业模板文件.docx"",如图7-15所示,即添加流程文件夹res下的"作业模板文件.docx"文件。

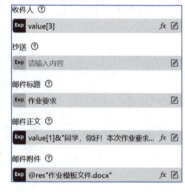

图7-15 "发送邮件"命令属性

注意:发送邮件的"邮件附件"属性还可以更改为"[@res"作业模板文件.docx"]";若没有附件,点亮属性Exp后更改为"";若有多个附件可以用["附件一路径","附件二路径"]数组的形式填写。

(6)关闭Excel文档

添加"关闭Excel工作簿"命令,点亮"工作簿"属性Exp后更改为"学生名单",如图7-16所示。

图7-16 "关闭Excel工作簿"命令属性

(7)断开邮箱连接

添加SMTP/POP分类下的"断开邮箱连接"命令,点亮"邮箱对象"属性Exp后更改为objMail,如图7-17所示。

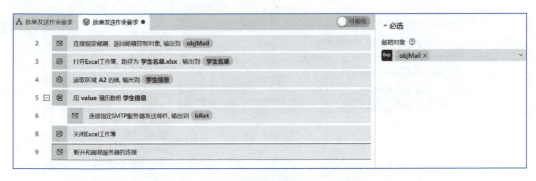

图7-17 "断开邮箱连接"命令属性

任务3　批量发送作业要求机器人应用

1. 保存机器人

经过设计开发后，可视化界面如图7-18所示。

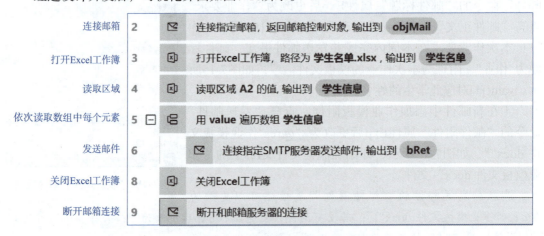

图7-18 设计开发后的可视化界面

2. 保存流程块并运行

（1）退出流程块

保存并退出流程块编辑状态，如图7-19所示。

图7-19 保存流程块界面

（2）保存流程并运行

添加"流程结束"流程块，连接到"批量发送作业要求"流程块后单击"保存""运行"按钮，如图7-20所示。

模块 7　邮件处理自动化

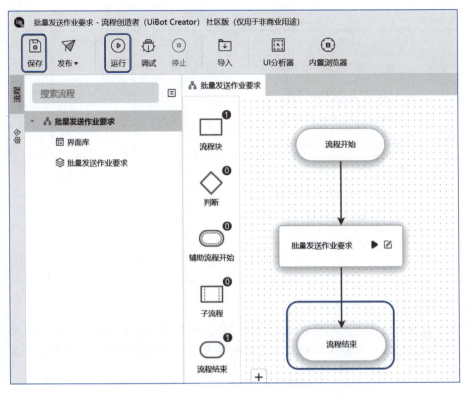

图7-20　保存并运行流程界面

项目重难点总结

重点：
①批量发送邮件自动化流程设计。
②自动化发送邮件操作中的连接邮箱、发送邮件等命令。

难点：
①数据数组与发送邮件时属性的关联。
②发送邮件时添加附件。

测评与练习

1. 知识测评

在进行本项目学习实操之后，完成以下填空题以巩固相关知识点。
①在"批量发送作业要求"项目中，RPA机器人首先执行的步骤是_____。
②发送邮件时，通常需要使用的协议是_____。
③发送邮件时，RPA机器人需要执行的命令是_____。

2. 能力测评

按表7-2中所列的操作要求，对自己完成的项目部分进行检查，操作完成得满分，未完成或错误得0分。

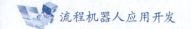

表7-2 技能测评表

序号	流程开发任务	分值	是否完成	自评分
1	连接发邮件的SMTP服务器	10		
2	打开学生名单Excel文档	10		
3	读取学生姓名和邮箱等信息	10		
4	在新邮件中写入学生邮箱地址	15		
5	在新邮件中写入学生姓名及邮件内容	20		
6	在新邮件中添加作业模板附件	15		
7	关闭Excel文档	10		
8	断开邮箱连接	10		
	总分			

3. 素质测评——课后拓展训练

假设你需要为一次会议批量发送邀请函邮件，邮件内容中出现被邀请人的尊称，对于不同身份的被邀请人，根据不同的模板完成邮件内容。请设计开发一个机器人，自动发送所有的会议邮件。

项目2　学生作业处理机器人

情景导入

任课老师每天需要处理邮箱中学生提交的作业，对学生发来的作业邮件进行回复并下载附件。汇总学生提交作业的情况，与学生名单进行比对，对没交作业的学生发送提醒邮件。现在需要设计一个机器人，自动完成以上的作业邮件处理。

项目描述

设计开发一个自动处理学生作业邮件的机器人。连接邮箱后，获取邮箱中的未读邮件，从中筛选包含作业的邮件。回复学生的邮件并下载附件，根据附件汇总学生提交作业的情况。与学生名单进行比对，对所有没交作业的学生发送提醒邮件。

项目实施

任务1　学生作业处理机器人设计

RPA机器人模拟人工操作步骤，连接邮箱后，依次完成收邮件、筛选邮件、回复邮件、统计信息、比对信息以及催交作业等步骤。具体见表7-3。

表7-3　学生作业处理机器人模拟人工操作步骤

步骤	流程描述	机器人/人工
1	连接收邮件的IMAP服务器	机器人
2	打开已提交作业学生汇总Excel文档	机器人
3	获取未读邮件列表	机器人
4	筛选学生作业邮件	机器人
5	回复学生作业邮件	机器人
6	下载作业附件	机器人
7	根据附件填写已提交作业学生汇总Excel文档	机器人
8	打开学生名单Excel文档	机器人
9	比对已提交作业学生汇总和学生名单	机器人
10	发送邮件提醒未交作业的学生	机器人
11	关闭打开的文档	机器人
12	断开邮箱连接	机器人

根据指令设计思路，设计操作流程图，如图7-21所示。

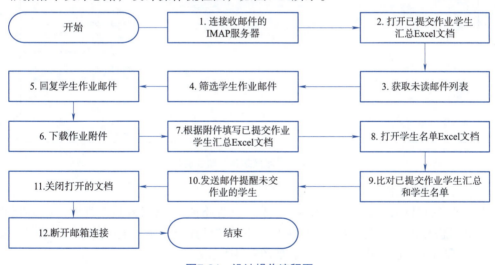

图7-21　设计操作流程图

任务2　学生作业处理机器人开发

1. 开发操作准备

新建流程《学生作业处理》，并将"学生名单.xlsx"和"已提交作业学生汇总.xlsx"两个文件存放在流程文件夹res目录下，以便使用。单击"编辑"按钮，进入主模块的开发，如图7-22所示。

2. 创建学生作业处理机器人

（1）连接收邮件的IMAP服务器

在"搜索命令"文本框中输入"连接邮箱"，找到IMAP分类下的"连接邮箱"命令，双击添加。以yeah邮箱为例，更改"服务器地址"属性为imap.yeah.net，"登录账号"和"邮箱地址"均为老师所用yeah邮箱，即sppc_lxy2024@yeah.net，单击"登录密码"属性右侧的小锁图标输入邮箱的授权密码更改，"输出到"属性为objIMAP，如图7-23所示。

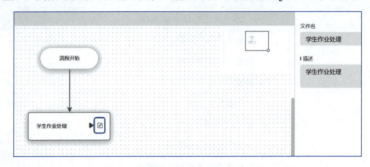

图7-22　新建流程

图7-23　"连接邮箱"命令属性

（2）打开已提交作业学生汇总Excel文档

①添加"打开Excel工作簿"命令，点亮"文件路径"属性Exp后更改为"@res"已提交作业学生汇总.xlsx""，即打开流程文件夹res下的"已提交作业学生汇总.xlsx"文件，更改"输出到"属性为"已交作业工作簿"，如图7-24所示。

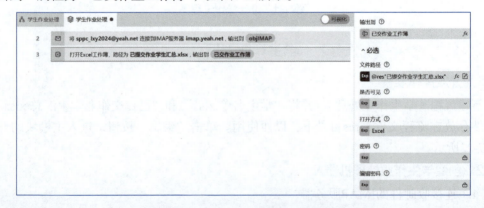

图7-24　"打开Excel工作簿"命令属性

②观察预编辑的"已提交作业学生汇总.xlsx"文件中的信息，如图7-25所示，第1行是表头信息，从第2行起输入汇总信息。

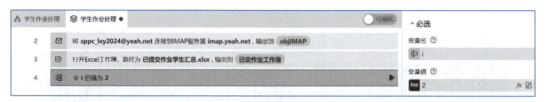

图7-25 "已提交作业学生汇总.xlsx"文件信息

添加"变量赋值"命令，更改"变量名"属性为i，点亮"变量值"属性Exp后更改为2，如图7-26所示。

图7-26 "变量赋值"命令属性

（3）获取未读邮件列表

添加"获取邮件列表"命令，点亮"邮箱对象"属性Exp后更改为objIMAP，更改"邮箱文件夹"属性为INBOX，"邮件数量"可根据预估值更改为30，"仅限未读消息"选择"是"，更改"输出到"属性为"未读邮件信息"，如图7-27所示。

图7-27 "获取邮件列表"命令属性

（4）处理未读作业邮件

①遍历数组"未读邮件信息"。添加"依次读取数组中每个元素"命令，更改"值"属性为value，点亮"数组"属性Exp后更改为"未读邮件信息"，如图7-28所示。此时value为一封未读邮件的信息组成的一维数组，如图7-29所示。

视 频

作业处理机器人重点操作

图7-28 "依次读取数组中每个元素"命令属性

```
[2024-10-27 10:44:31] [INFO] 流程块.task 第8行: {
 "Attachments" :
 [
   "2024数字出版 B20240008 李迪.docx"
 ],
 "BCC" : "",
 "Body" : "<meta http-equiv=\"Content-Type\" content=\"text/html; charset=GB18030\"><div><font face=\"宋体
line-height: 18px; margin:0;\">154987476@qq.com</div></td></tr></tbody></table></a></div></div><div> </
div>",
 "BodyEncoding" : "gb18030",
 "CC" : "",
 "DATE" : "2024-10-15 16:21:58",
 "FROM" : "LXY <154987476@qq.com>",
 "Folder" : "INBOX",
 "IsBodyHtml" : true,
 "SENDER" : "",
 "SUBJECT" : "作业",
 "To" : "sppc_lxy2024 <sppc_lxy2024@yeah.net>",
 "UID" : "1728976408"
}
```

图7-29 未读邮件信息的一维数组

②筛选学生作业邮件，查找标题为"作业"的未读邮件。添加"查找字符串"命令，点亮"目标字符串"属性Exp后更改为value["SUBJECT"]，字典键SUBJECT对应的值是邮件的标题字符串，更改"查找内容"属性为"作业"，更改"输出到"属性为"作业主题"，如图7-30所示。此时输出的信息为"作业"在标题字符串中出现的位置，若标题字符串中没有"作业"，则输出为0。

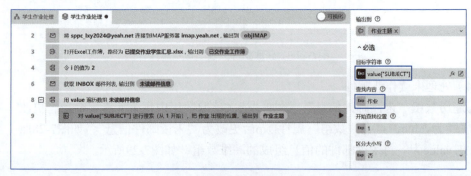

图7-30 "查找字符串"命令属性

③判断是否为作业邮件。添加"如果条件成立，则执行后续操作"命令，点亮"判断表达式"属性Exp后更改为"作业主题>0"，如图7-31所示。

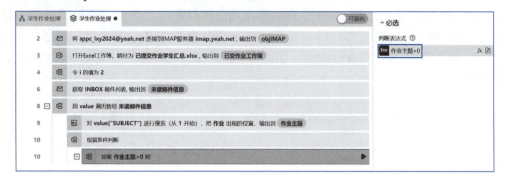

图7-31 "如果条件成立，则执行后续操作"命令属性

④提取作业邮件的邮箱账号。如图7-29所示，字典键FROM对应的值中，符号"<"和">"之间为邮箱账号。

添加"分隔字符串"命令，点亮"目标字符串"属性Exp后更改为value["FROM"]，更改"分隔符"属性为"<"，更改"输出到"属性为"邮箱信息数组"，如图7-32所示。

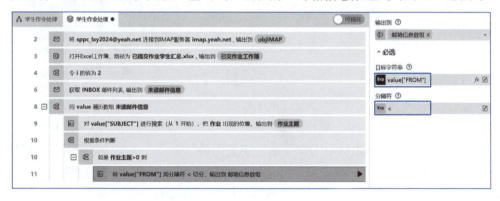

图7-32 "分隔字符串"命令属性

添加"右侧裁剪"命令，点亮"目标字符串"属性Exp后更改为"邮箱信息数组[1]"，更改"裁剪字符"属性为">"，更改"输出到"属性为"邮箱账号"，如图7-33所示。

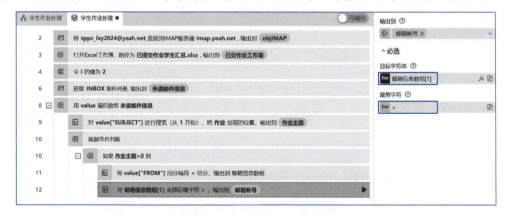

图7-33 "右侧裁剪"命令属性

⑤回复学生作业邮件。添加SMTP/POP分类下的"发送邮件"命令，更改"SMTP服务器"属性为smtp.yeah.net，属性"登录账号"和"发件人"都更改为老师的邮箱，即sppc_lxy2024@yeah.net，更改"登录密码"属性为邮箱的授权密码，点亮"收件人"属性Exp后更改为"邮箱账号"，点亮"邮件标题"属性Exp后更改为""Re：作业""，点亮"邮件正文"属性Exp后更改为""作业已收到，谢谢！""，点亮"邮件附件"属性Exp后更改为""，表示无附件，如图7-34所示。

图7-34 "发送邮件"命令属性

⑥下载作业附件。添加IMAP分类下的"下载附件"命令，点亮"邮箱对象"属性Exp后更改为objIMAP，点亮"邮件对象"属性Exp后更改为value，点亮"存储路径"属性Exp后更改为"@res"学生作业附件""，即下载邮件附件后存储到res文件夹目录下的"学生作业附件"文件夹中，若此文件夹不存在会先新建文件夹，更改"输出到"属性为"附件"，如图7-35所示。

图7-35 "下载附件"命令属性

（5）读取作业附件中的学生信息

①打开已下载的作业附件。添加"打开文档"命令，点亮"文件路径"属性Exp后更改为"@res"学生作业附件\\"&value["Attachments"][0]"，value["Attachments"][0]对应的是附件的文件名字符串，更改"输出到"属性为objWord，如图7-36所示。

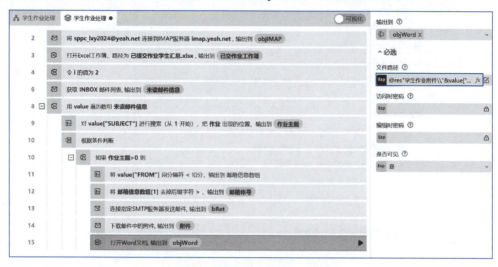

图7-36 "打开文档"命令属性

②选中附件Word文档中包含个人信息的行。学生作业附件根据作业模板文件完成，模板文件中已预设第10~13行中包含学生个人信息，如图7-37所示，这些信息正对应"已提交作业学生汇总.xlsx"文件中的表头信息（见图7-25）。

图7-37 作业附件第10~13行信息

添加"选择行"命令，点亮"文档对象"属性Exp后更改为objWord，更改"起始行"属性为10，更改"结束行"属性为13，如图7-38所示。

图7-38 "选择行"命令属性

③读取上一步骤选中的信息。添加"读取选中文字"命令，点亮"文档对象"属性Exp后更改为objWord，更改"输出到"属性为sRet，如图7-39所示。

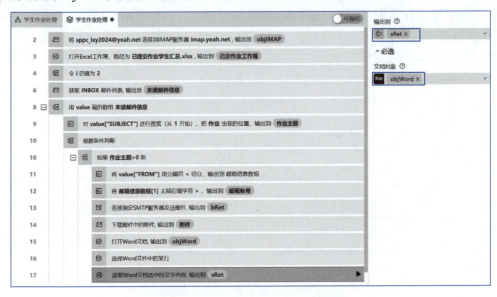

图7-39 "读取选中文字"命令属性

④关闭附件Word文档。添加"关闭文档"命令，点亮"文档对象"属性Exp后更改为objWord，如图7-40所示。

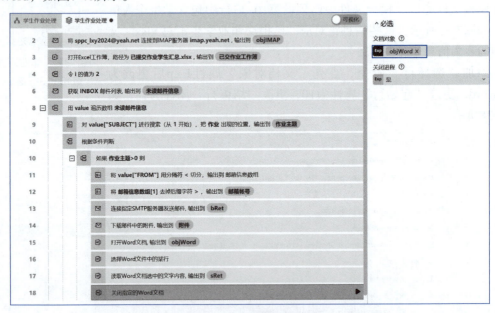

图7-40 "关闭文档"命令属性

（6）根据附件填写已提交作业学生汇总Excel文档

①用"："分隔图7-37的文字信息。添加"分隔字符串"命令，点亮"目标字符串"属性Exp后更改为sRet，更改"分隔符"属性为"："，更改"输出到"属性为arrRet，此时arrRet为信息数组，如图7-41所示。

模块 7　邮件处理自动化

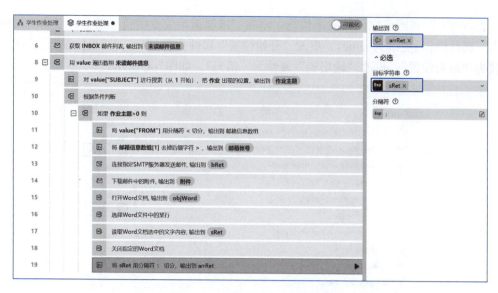

图7-41 "分隔字符串"命令属性

②设置空数组"作业信息",预备写入有用的信息。添加"变量赋值"命令,更改"变量名"属性为"作业信息",点亮"变量值"属性Exp后更改为"[]"。

③提取有用信息。

遍历信息数组。添加"依次读取数组中每个元素"命令,更改"值"属性为value1,点亮"数组"属性Exp后更改为arrRet。

查找字符串中回车的位置。添加"查找字符串"命令,点亮"目标字符串"属性Exp后更改为value1,点亮"查找内容"属性Exp后更改为""\r"",更改"输出到"属性为"结束位置",如图7-42所示。

图7-42 "查找字符串"命令属性

注意:编程语言中常用转义符表示那些在字符串中具有特殊含义的字符。转义字符通常由反斜杠(\)开始,后面跟着一个或多个字符。回车的转义符为"\r"。

151

提取":"和回车之间的有用信息。添加"抽取指定位置字符"命令,点亮"目标字符串"属性Exp后更改为value1,更改"开始位置"属性为1,点亮"结束位置"属性Exp后更改为"结束位置",更改"输出到"属性为"信息",如图7-43所示。

图7-43 "抽取指定位置字符"命令属性

将提取的信息写入数组"作业信息"。添加"在数组尾部添加元素"命令,点亮"目标数组"属性Exp后更改为"作业信息",点亮"添加元素"属性Exp后更改为"信息",更改"输出到"属性为arrRet,如图7-44所示。

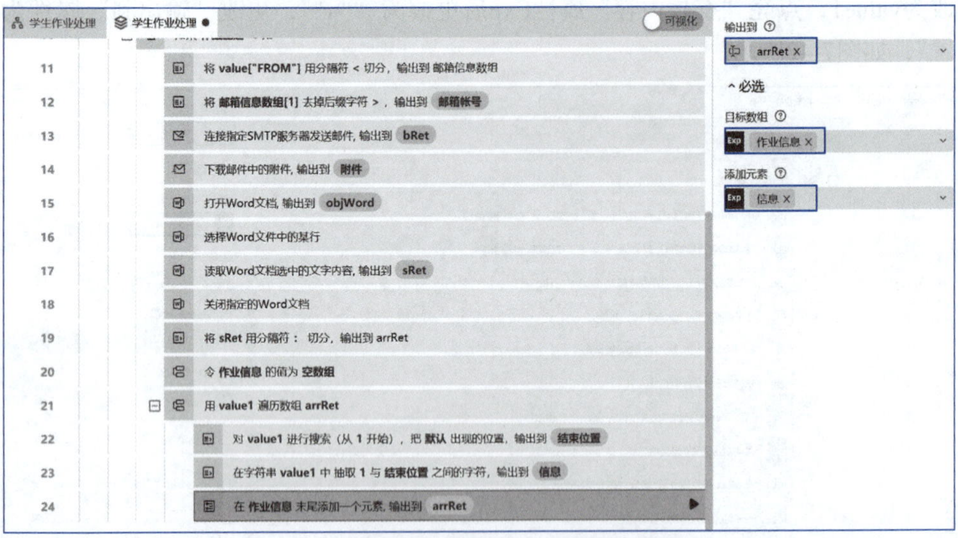

图7-44 "在数组尾部添加元素"命令属性

数组"作业信息"仍有杂项,截取其中的有用信息。添加"截取数组"命令,点亮"目标数组"属性Exp后更改为"作业信息",更改"开始位置"属性为1,更改"结束位置"属性为4,更改"输出到"属性为"作业信息",如图7-45所示。此时数组"作业信息"为对应"已提交作业学生汇总.xlsx"文件中表头的内容。

模块 7　邮件处理自动化

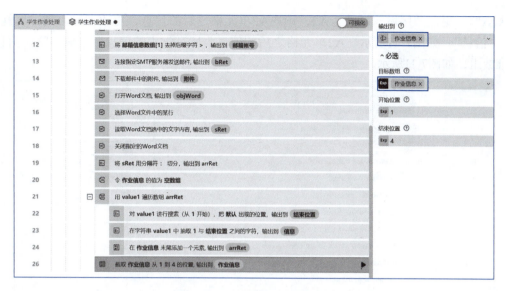

图7-45　"截取数组"命令属性

④写入"已提交作业学生汇总.xlsx"文件中。添加"写入行"命令，点亮"工作簿对象"属性Exp后更改为"已交作业工作簿"，点亮"单元格"属性Exp后更改为""A"&i"，点亮"数据"属性Exp后更改为"作业信息"，如图7-46所示。此时i的值为2，即在A2开始的一行中写入数组"作业信息"的元素。

图7-46　"写入行"命令属性

⑤添加"变量赋值"命令，更改"变量名"属性为i，点亮"变量值"属性Exp后更改为i+1。准备在下一行中填写其他附件的作业信息。

（7）提醒未交作业的学生

①打开"学生名单.xlsx"文档。添加"打开Excel工作簿"命令，点亮"文件路径"属性Exp后更改为"@res"学生名单.xlsx""，更改"输出到"属性为"学生名单"。

②添加"读取区域"命令，点亮"工作簿对象"属性Exp后更改为"@res"学生名

单.xlsx"",更改"区域"属性为A2,读取A2单元格之后的信息,更改"输出到"属性为"学生信息",如图7-47所示。A2单元格之后的信息为所有学生的信息,组成"学生信息"二维数组,如图7-11所示。

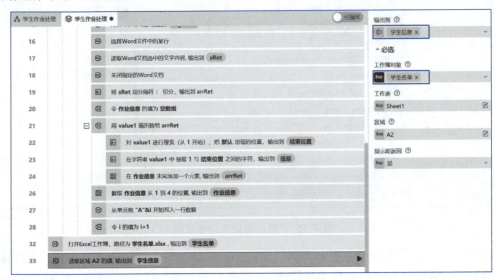

图7-47 "读取区域"命令属性

③添加"读取列"命令,点亮"工作簿对象"属性Exp后更改为"已交作业工作簿",更改"单元格"为C2,读取C2单元格开始的所在列的信息,更改"输出到"属性为"已交作业姓名",如图7-48所示。C2单元格之后的信息为所有已交作业学生的姓名,组成"已交作业姓名"一维数组,如图7-25所示。

图7-48 "读取列"命令属性

④比对已提交作业学生汇总和学生名单。
遍历数组"学生信息"。添加"依次读取数组中每个元素"命令,更改"值"属性为

value2，点亮"数组"属性Exp后更改为"学生信息"。

添加"变量赋值"命令，更改"变量名"属性为temp，点亮"变量值"属性Exp后更改为0。以temp作为比对的标记。

遍历数组"已交作业姓名"。添加"依次读取数组中每个元素"命令。更改"值"属性为value3，点亮"数组"属性Exp后更改为"已交作业姓名"。

添加"如果条件成立，则执行后续操作"命令，点亮"判断表达式"属性Exp后变更为"value2[1]=value3"，如图7-49所示，value2[1]对应图7-11中的某个姓名。添加"变量赋值"命令，更改"变量名"属性为temp，更改"变量名"属性为1。添加"跳出循环"命令。若两个名单中都有同学A的姓名，则同学A已交作业，temp更改为1，否则temp为0。

图7-49 "如果条件成立，则执行后续操作"命令属性

⑤发送邮件提醒未交作业的学生。若同学B未交作业，则对应temp=0，对其发送邮件。

添加"如果条件成立，则执行后续操作"命令，点亮"判断表达式"属性Exp后变更为temp=0。

添加SMTP/POP分类下的"发送邮件"命令，更改"SMTP服务器"属性为smtp.yeah.net，属性"登录账号"和"发件人"都更改为老师的邮箱，即sppc_lxy2024@yeah.net，更改"登录密码"属性为邮箱的授权密码，点亮"收件人"属性Exp后更改为value2[3]，value2[3]对应图7-11中的某个邮箱地址，点亮"邮件标题"属性Exp后更改为"作业提醒"，点亮"邮件正文"属性Exp后更改为"value2[1]&"同学，你还未提交作业，请尽快提交。""，点亮"邮件附件"属性Exp后更改为""，表示无附件，如图7-50所示。

（8）关闭打开的文档

添加"关闭Excel工作簿"命令，点亮"工作簿"属性Exp后更改为"已交作业工作簿"，更改"立即保存"属性为"是"，如图7-51所示。

添加"关闭Excel工作簿"命令，点亮"工作簿"属性Exp后更改为"学生名单"。

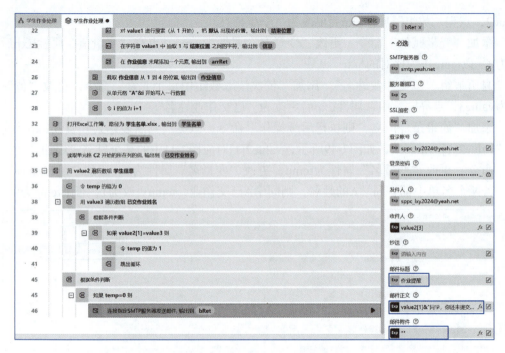

图7-50 "发送邮件"命令属性

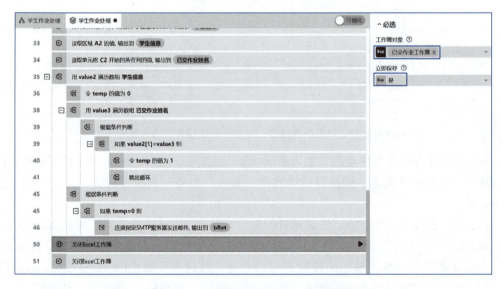

图7-51 "关闭Excel工作簿"命令属性

（9）断开邮箱连接

添加IMAP分类下的"断开邮箱连接"命令，点亮"邮箱对象"属性Exp后更改为objIMAP。

任务3　学生作业处理机器人应用

1. 保存机器人

经过设计开发后，可视化界面如图7-52所示。

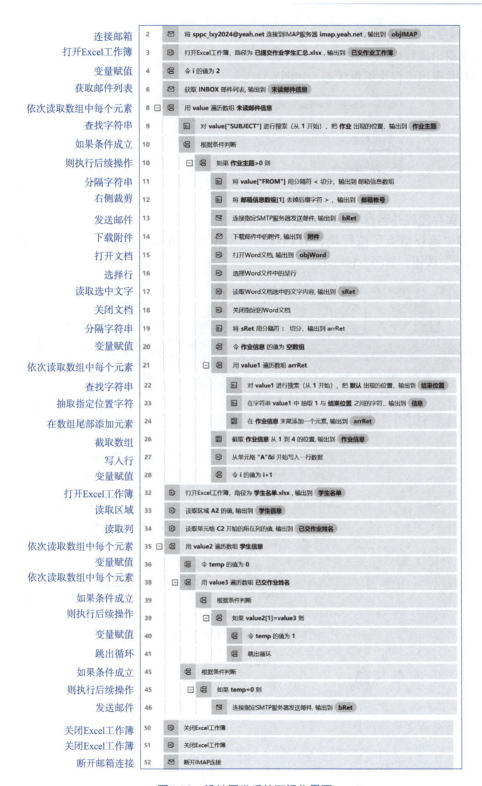

图7-52 设计开发后的可视化界面

2. 保存流程块并运行

（1）退出流程块

保存并退出流程块编辑状态，如图7-53所示。

图7-53　保存流程块界面

（2）保存流程并运行

添加"流程结束"流程块，并连接到"学生作业处理"流程块后，然后单击"保存""运行"按钮，如图7-54所示。

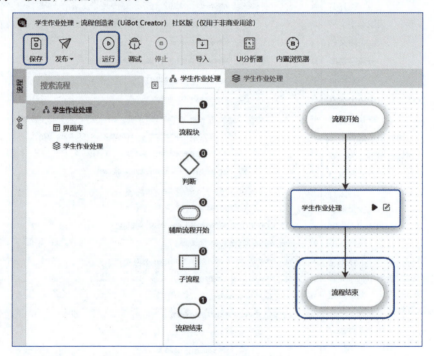

图7-54　保存并运行流程界面

📊 项目重难点总结

重点：

①查收邮件时下载附件。

②配合Excel、Word文件的读写，完成复杂邮件处理的流程设计。

难点：

①循环结构、条件分支多次嵌套后的流程设计。

②流程设计中的性能优化。

测评与练习

1. 知识测评

在进行本项目学习实操之后,完成以下填空题以巩固相关知识点。

①在"学生作业处理"项目中,RPA机器人收取未读邮件需要执行的命令是_____。

②收取邮件时,发件人的邮箱地址通常对应字典中的键名是_____。

③包含邮件信息的字典中,附件的键名通常是_____。

2. 能力测评

按表7-4中所列的操作要求,对自己完成的项目部分进行检查,操作完成得满分,未完成或错误得0分。

表7-4 技能测评表

序号	流程开发任务	分值	是否完成	自评分
1	连接收邮件的IMAP服务器	5		
2	打开已提交作业学生汇总Excel文档	5		
3	获取未读邮件列表	10		
4	筛选学生作业邮件	10		
5	回复学生作业邮件	10		
6	下载作业附件	10		
7	根据附件填写完成已提交作业学生汇总Excel文档	10		
8	打开学生名单Excel文档	5		
9	比对已提交作业学生汇总和学生名单	15		
10	发送邮件提醒未交作业的学生	10		
11	关闭打开的文档	5		
12	断开邮箱连接	5		
	总分			

3. 素质测评——课后拓展训练

假设你是某次学术会议的联系人,你需要设计开发一个机器人,自动处理会议邮件。对于不同身份的被邀请人的邮件,自动化进行回复,汇总被邀请人的答复信息,并下载他们的参会回执附件(如有)。

模块 8
OCR 文字识别自动化

知识目标
◎ 熟悉本地OCR模块的基本命令。
◎ 掌握百度OCR模块的使用方法。
◎ 掌握Mage AI模块的通用识别功能的使用及常用命令。

能力目标
◎ 能够根据实际需求设计RPA流程，实现图片转文字的处理。
◎ 能够使用RPA机器人读取一组图片，并将转化结果填写到指定文档中。
◎ 能够熟练使用Mage AI模块的卡证识别功能。

素养目标
◎ 能够有效利用OCR和AI技术解决实际问题，提高信息素养。
◎ 鼓励学生自主学习新技术和新工具，适应快速变化的技术环境，不断提升个人技能。

知识准备

OCR（optical character recognition，光学字符识别）是指对包含文本资料的图像文件进行分析识别处理，获取文字及版面信息的技术。这是一项历史悠久的技术，早在20世纪，OCR就可以从纸质的书本中扫描并获得其中的文字内容。20世纪90年代以来，随着平台式扫描仪的广泛应用以及办公自动化的普及，OCR技术的识别正确率、识别速度不断提高，更好地满足了用户的需求。如今，OCR技术在不断演进，已经融入了流行的深度学习等技术，识别率不断提高。现在用OCR去识别屏幕上的文字，由于这些文字不像纸质书本一样存在印刷模糊、光线不好等问题，所以识别率非常高。

本书基于UiBot软件平台，不但提供了原生的OCR功能模块，还接入了第三方（百度）的OCR服务，更是在Mage AI产品中提供了丰富的文字识别功能，极大地方便了用户的选择与使用。三个功能模块的详细知识准备将分别在各项目中进行相应介绍。接下来逐一介绍"本地OCR""百度OCR""Mage AI识别"的基本功能，带领读者体验OCR各类功能及常用命令。

模块 8　OCR 文字识别自动化

1. 本地 OCR 的初步使用

"本地OCR"具体包含了图8-1所示的OCR命令，这些命令都不需要连接互联网，直接运行UiBot即可执行。

（1）屏幕OCR识别功能介绍

首先尝试使用"屏幕OCR识别"命令。双击或拖动插入一条"屏幕OCR"命令，单击"查找目标"按钮（此时UiBot Creator窗口会暂时隐藏），把鼠标移动到Steam的登录窗口上，此窗口会被红框蓝底的遮罩遮住，此时拖动鼠标，划出一个要进行文字识别的区域，这个区域会用紫色框表示，如图8-2所示。

图8-1　UiBot的本地OCR命令

图8-2

图8-2　选择OCR目标（扫码查看彩色图片）

也可以不划出要识别的区域，直接在窗口上单击，代表识别整个窗口。这样的一条命令，会在运行时自动找到Steam的登录窗口，并在指定的区域（相对于窗口的位置）截图，然后识别截图里面的文字，最后把识别到的文字输出到指定的变量中。

也可以直接点击命令右侧的三角形，运行单条命令，会在运行完成后，自动输出结果。可以看到，只要Steam的登录窗口存在，且窗口大小没有发生变化，就能识别出所划区域中的文字"账户名称"。

（2）其他基本操作命令简介

上文演示了"屏幕OCR识别"。此外还有"图像OCR识别"命令，和"屏幕OCR识别"类似，只不过前者需要提供一个图像文件，UiBot会在流程运行到这一条命令时，不考虑屏幕图像内容，直接采用指定的图像文件进行识别。

另外，还有"鼠标点击OCR文本""鼠标移动到OCR文本上""查找OCR文本位置"等命令，这些命令类似于"图像"类命令中的"点击图像""鼠标移动到图像上""查找图像"命令，这些指令不需要传入图像，只需要在属性中标明要找的文字即可。UiBot会在运行时自动在屏幕上找到指定的文本，并根据文本的位置，进行鼠标点击或移动等操作。

其实，在后文中提到的UiBot Mage中就包含了OCR的功能。但有的场合并不适合使用UiBot Mage。在前面的内容中提到，有些情况是无法获取界面元素的。此时，使用"图像"类命令可以找到准确的操作位置。但还不能像有目标的命令那样，把界面元素中的内容读出来。比如著名的游戏平台Steam，其界面使用了DirectUI技术绘制，浏览者无法获得其中的任何文字（虽然这些内容用肉眼很容易看到），如图8-3所示。

注意：使用UiBot Mage，固然可以得到其中的文字，但未免大材小用。且UiBot Mage的AI能力必须连接互联网才能使用，免费版也有配额限制。此时，这里介绍的UiBot的"本地OCR"屏幕OCR识别命令更加适合使用。

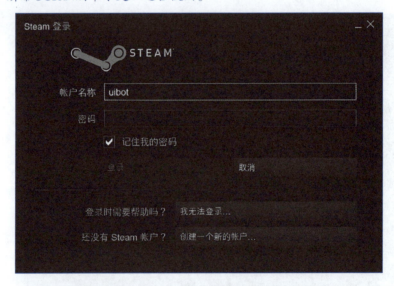

图8-3　使用了DirectUI技术的Steam界面中的文字

2. 百度 OCR 的初步使用

市面上很多云厂商都提供了在线的OCR服务，其中，百度OCR使用较为广泛。基于此UiBot也提供了百度OCR的相关命令，可以方便快捷地使用百度OCR的功能。而且，百度OCR也对发票、身份证、火车票等票据、卡证的图像进行了特别优化，能较为准确地识别其中的关键内容，其识别效果和UiBot Mage相比各有优缺点。用户可以根据实测效果和实际情况选用。

（1）注册和登录

为了能够正常接入百度云的OCR，首先需要满足以下三个要求：

- 要能够接入互联网。百度云是基于互联网的云服务，而不是本地运行的软件，个人使用的话，必须接入互联网。如果是企业用途，不能接入互联网，可能需要和百度云进行商务谈判，购买其离线服务。
- 可能需要向百度付费。百度OCR服务是收费的，但提供了每天若干次（通用文字识别每天上千次，证照等识别每天上百次）的免费额度。个人使用的话，免费额度基本够用，但是免费额度和收费价格等政策也在不断变化之中。

- 由于百度云是收费的，不可能UiBot的用户都共用一个账号。所以每个用户要申请自己的百度云账号，以及百度OCR服务的账号（一般称为Access Key和Secret Key），申请方法较为简单，具体见下文。

①登录百度云（如果不需要注册，可短信验证码登录），界面如图8-4所示。

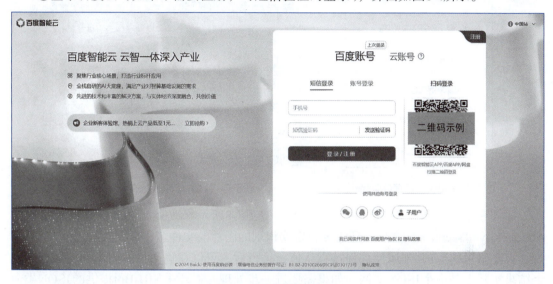

图8-4　百度云登录界面

②可使用个人认证进入安全认证（笔者采用的是二代身份证人脸识别实名认证），认证完毕后在右上角"账户"菜单里选择"安全认证"可以查到页面上即是百度云的AppKey（即Access Key）与SecretKey，如图8-5所示。

图8-5　账号及密钥查询

（2）指令简介

UiBot中包含了以下百度OCR命令，如图8-6所示。

可以看到，与上文所述的"本地OCR"命令相比，百度OCR命令中也有"鼠标点击OCR文本""鼠标移动到OCR文本上""查找OCR文本位置""图像OCR识别""屏幕OCR"这五条命令，这五条命令的使用方法与UiBot的"本地OCR"命令大体类似，唯一的区别是，需要在"属性"中填写自己在百度云上申请的Access Key和Secret Key。

（3）图像特殊OCR识别指令初步试验

下面介绍"图像特殊OCR识别"命令。所谓"特殊"，是指我们要测试的是某种特定的图像，如身份证、火车票等。假设在C:\KS\1.png文件中保存图8-7所示图像。

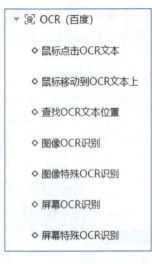
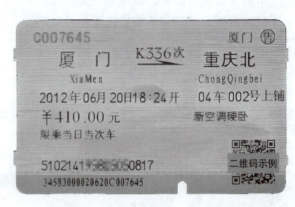

图8-6　UiBot的百度OCR命令　　　　图8-7　特殊OCR识别的图像素材

插入一条"图像特殊OCR识别"命令，按图8-8所示修改其属性。除了前文提到的Access Key和Secret Key之外，还需要指定要识别的图片的文件名，以及选择"OCR引擎"为"火车票识别"。其他属性均保持默认值，运行后，可以在输出栏看到识别的结果。这个结果实际上是一个JSON文档，如果需要进一步处理，需要采用UiBot提供的JSON类命令，但与本章所介绍内容联系不大，此处不展开介绍。

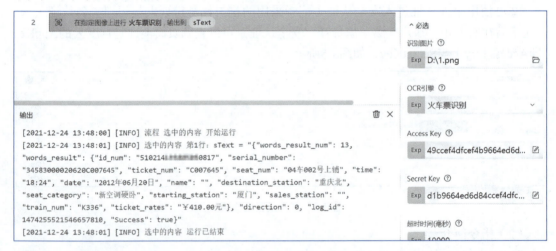

图8-8　特殊OCR的属性设置

3. Mage AI 识别的初步使用

（1）UiBot Mage简介

UiBot Mage（智能文档处理平台，简称Mage）是专门为UiBot打造的AI能力平台，可提供执行流程自动化所需的各种AI能力，如图8-9所示。基于OCR、NLP等前沿深度学习算法，提供了文档的识别、分类、要素提取、校验、对比、纠错等功能，可帮助企业实现日常文档处理工作的自动化。Mage提供丰富的预训练的AI模型，使用者无须AI经验，应用方便。Mage的AI能力可分为预训练AI能力和定制化AI能力。预训练AI能力提供了开箱即用的AI能力，能够处理身份证、银行卡、发票、火车票识别等普适场景的识别和抽取需求；定制化AI能力需要用户上传自己的数据，通过无代码的方式，标注、训练、测评、优化AI模型，使模型能够理解专业领域的文档。下表列举了Mage平台的AI文字识别能力和用途，见表8-1。

表8-1 Mage平台的AI文字识别能力和用途

定制化程度	能力	用途
预训练AI能力	通用文字识别	识别图片中所有文字
	通用表格识别	识别图片中的表外文字和表内文字，并按照单元格的排列顺序，输出表格内容
	通用多票据识别	识别普通发票、专用发票、电子发票、销货清单、卷式发票、出租车票、火车票、动车票、飞机行程单、定额发票、购车发票等全票种发票，并返回核心字段值
	通用卡证识别	识别银行卡、身份证、社保卡、驾驶证、行驶证、户口本、护照、结婚证、房产证、不动产证、营业执照、开户许可证、组织机构代码证、车辆合格证、车辆登记证、基本存款账户信息，并返回核心字段值
	验证码识别	识别由数字和字母组成的验证码
	印章识别	识别印章的位置、颜色、内容
定制化AI能力	自定义模板	上传一组版面样式相对固定的图片文件，通过配置规则的方式，依赖位置关系抽取到业务需要的字段值

图8-9 UiBot Mage配置

（2）UiBot Mage配置

在UiBot Creator中使用Mage AI文字识别服务，需要进行Mage配置。Mage AI服务也是一种付费服务，编者编写本书时，UiBot默认提供了上百次/月的免费配额。UiBot Mage的配置界面如图8-9所示。单击UiBot Creator工具栏中的Mage AI按钮可调用Mage AI功能，工具栏中的Mage AI按钮如图8-10所示。

图8-10 工具栏中的Mage AI按钮

（3）UiBot Mage命令

基于三个连续步骤的配置向导窗口，快捷使用智能文档处理平台（UiBot Mage）中AI能力并生成流程命令，目前提供通用文字识别、通用表格识别、通用多票据识别、通用卡证识别、自定义模板识别、信息抽取、印章识别共七个快速应用的AI模块，后续将持续融合更多AI模块。智能文档处理平台向导界面如图8-11所示。

图8-11　智能文档处理平台向导界面

（4）总结

从UiBot Creator 5.3.0版本开始，在用UiBot编写RPA流程时，对于社区版的UiBot Creator，在联网的前提下，用户登录后，可以使用UiBot Mage提供的各类AI能力，进而将图片、文档中的非结构化信息转变成结构化数据；对于企业客户，使用企业版UiBot Creator时，即使不连接互联网也可以享受UiBot Mage的AI能力，因为企业版可以提供UiBot Mage的私有化部署，并提供标准化的调用接口，灵活适应业务需求。

UiBot Mage的产品特点包括：

- 内置OCR、NLP等适合RPA机器人的AI能力。
- 提供预训练的模型，无须AI经验，开箱即用。
- 在预训练之外，也提供定制化的模型，仅需少量配置或训练，即可让AI具有较强的泛化能力。
- 与UiBot Creator无缝衔接，方便在流程中以低代码的形式使用AI模型。
- 能够识别多种类型的文档，适用于财务报销、合同处理、银行开户等不同的业务场景。

目前，UiBot Mage通过AI赋能，将OCR（光学字符识别）、NLP（自然语言处理）、人机对话等AI能力快速应用到自动化流程中，以文档理解中的非结构化数据为突破点，让工作中现有的文档、图形、图像、音频、视频等信息从非结构数据，转变成为结构化数据，尽可能让数字化办公中的各种行为纳入自动化行列中，该过程的简单技术示意图如图8-12所示：

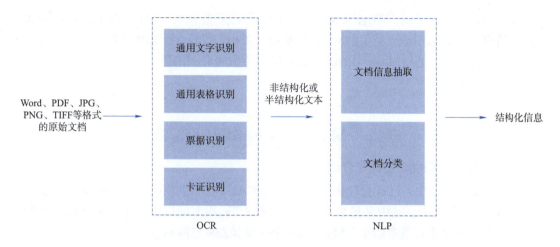

图8-12　UiBot Mage的技术示意图

UiBot Mage中的AI功能非常丰富，而且还在不断扩展中。功能虽多，但大致可以分为两类：一类称为"通用AI能力"，是指用户基本上不需要在UiBot Mage中进行太多的设置，开箱即用的AI功能，其中比较常用的是对图片的各种识别，如标准化的票据（如发票、出租车票等）、标准化的卡证（如身份证、营业执照等）；另一类称为"定制化AI能力"，是指用户在使用这些AI能力之前，还需要花费一些时间，在UiBot Mage中先做一定的配置或训练才可以，用起来稍微麻烦一点儿，但能处理更加广泛的数据。

下面只介绍"通用AI能力"中的图片识别功能。其他功能将在后续内容中讲述，也可参考UiBot Mage的在线帮助。

扫码观看微视频可以帮助读者更具体深刻地理解OCR的基本功能。

视　频

OCR基本功能介绍

项目1　图片中的OCR——证照图片的文字提取

情景导入

在日常办公和学习中会遇到很多这样的应用场景，报销系统里要填写证件图片中的文字，听一次演讲只拍下了演讲者的PPT照片，或者去某个展馆拍下了很多含有文字的照片，或者在网页上下载了一张图片，包含着重要的文字字段，等等。这些场景需要将其中的照片或图片等图像形式的信息转化为文字信息或提取其中有用的部分重要字段。

小东同学给学生处做勤工俭学，学生处需要将全校1000多人的身份证信息都提取出文字字段，以录入学籍管理系统。由于小东是新手缺乏经验，只需要他能使用OCR工具提取给定的身份证照片的指定内容即可。

项目描述

结合前面简单介绍的"本地OCR""百度OCR"或功能强大和全面的Mage AI智能OCR的各自特点，建议选用适合新手的Mage AI模块，帮小东设计一个RPA机器人流程，RPA机器人打开证件样张，通过Mage AI的OCR识别出图片中的文字信息。

项目实施

任务1　Mage AI中的卡证识别配置

1. Mage AI 识别功能命令介绍

在UiBot Creator中，已经把UiBot Mage的很多AI功能都包装成了相应的命令，这些命令放在Mage AI分类中。其中又包含了"信息抽取""通用卡证识别"等二级分类，展开每个二级分类，下面还有很多命令。Mage AI命令一览如图8-13所示。

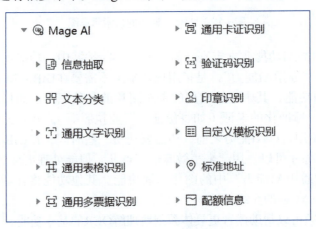

图8-13　Mage AI命令一览

展开"通用卡证识别"二级分类，可以看到下面有"屏幕卡证识别""图像卡证识别""获取卡证类型"等五条命令，适合不同的应用场合。通用卡证识别的命令如图8-14所示。

无论是"通用卡证识别"，还是"通用文字识别"或者"通用票据识别"，这种"识别"类的Mage AI命令，最主要的使用过程都分为以下两个步骤进行：

步骤1：从指定的图像中，识别出所有结果。
步骤2：从识别的结果中，获取所需信息。

图8-14中黑框中的命令，实际上是在进行步骤1，因为这些命令的最后两个字都是"识别"；上面蓝框中的命令，实际上是在进行步骤2，因为它们的前两个字都是"获取"。所以，如果要用Mage AI识别一张身份证的话，需要先根据数据源的不同，选择黑框中的一

条命令，再根据要获取的具体信息，从蓝框中选择一条命令。

黑框中三条命令的主要区别在于图像来源不同，其中：
- 屏幕卡证识别：图像来源于屏幕上某个窗口，或窗口的某个区域。
- 图像卡证识别：图像来源于本地硬盘上的某个图像文件。
- PDF卡证识别：图像来源于本地硬盘上的某个PDF文件，还可以通过识别全部页或指定页码范围来划分识别范围。

除了数据源不同之外，这三条命令其实没有本质区别，对于同样的图像，识别出的结果是相同的。但它们的识别结果通常很难直接使用，所以才需要用蓝框中的两条命令进一步获取其中的关键信息。其中：
- 获取卡证类型：由于"通用卡证识别"可以识别很多种卡证，包括身份证、驾驶证、房产证、营业执照等。这条命令可以自动判断被识别的图像属于哪一种卡证。
- 获取卡证内容：对于特定的卡证，这条命令可以提取其中的各个字段。比如身份证，可以提取姓名、性别、民族、身份证号码等字段。

2. 卡证识别器功能配置

下面进行一个简单的实际测试。首先，找一张身份证的图像文件。为了不泄露个人隐私，请同学们自行选择图片。

假设身份证图像保存在C:\KS\id_card.jpg文件中。新建一个流程，添加"图像卡证识别"命令，该命令有两个属性必须填写的，如图8-15所示。

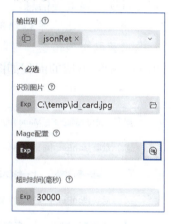

图8-14　通用卡证识别的命令　　　　图8-15　属性示例

对于"识别图片"属性，选择C:\temp\id_card.jpg文件即可；对于"Mage配置"属性，千万不要手动填写，点击属性右侧的按钮（图中框选位置），弹出如图8-16所示的对话框。

对于社区版的UiBot，在"UiBot Mage配置"对话框中，唯一需要设置的就是"识别器名称"下拉列表框。如果下拉列表框中没有内容，点击右边的"前往配置"按钮，会自动打开浏览器，并跳转到UiBot Mage主页。可以在UiBot Mage中新建一个通用卡证识别模型，并选择后端的AI引擎。不同的AI引擎在不同的场景下各有优势，可以根据实际情况选择。

UiBot Mage 配置
AI模块
通用卡证识别
识别器名称
测试用-通用卡证识别（合合信息）
前往配置
服务URL
https://mage.uibot.com.cn
配额剩余
995
免费配额升级
确定
取消

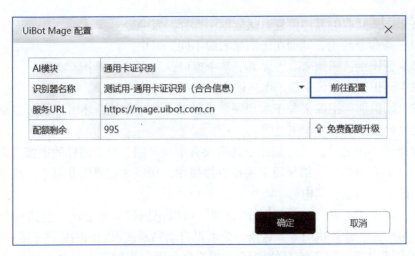

图8-16　身份证识别的识别器配置

任务2　Mage AI中的卡证识别操作

在UiBot Mage上创建好识别模型之后，即可在UiBot Creator中选择这一模型，并且，之前空缺的“Mage配置”属性也会被自动填写。

接下来，依次拖入“获取卡证类型”“获取卡证内容”命令，获取识别结果中的卡证类型、姓名、出生日期、地址等信息。

注意：这些命令都有一个“卡证识别结果”属性，把“图像卡证识别”命令的输出填写在这里即可。每次获取一项信息，可以添加“输出调试信息”命令将其显示出来。

按照上述步骤，最终形成的流程如图8-17所示，运行后，可以得到卡证上对应文字的结果。

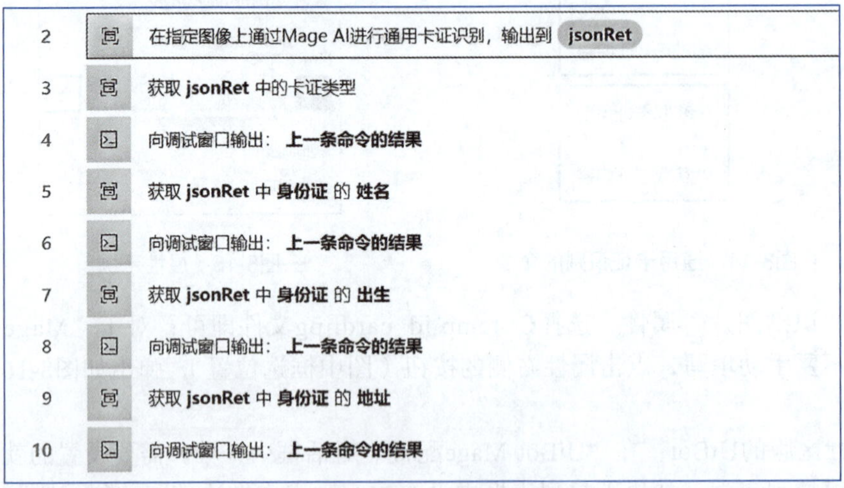

2 在指定图像上通过Mage AI进行通用卡证识别，输出到 jsonRet
3 获取 jsonRet 中的卡证类型
4 向调试窗口输出：上一条命令的结果
5 获取 jsonRet 中 身份证 的 姓名
6 向调试窗口输出：上一条命令的结果
7 获取 jsonRet 中 身份证 的 出生
8 向调试窗口输出：上一条命令的结果
9 获取 jsonRet 中 身份证 的 地址
10 向调试窗口输出：上一条命令的结果

图8-17　通用卡证识别流程

说明：Mage AI类的命令在运行时需要连接UiBot Mage的服务器。如果使用的是社区版UiBot，已经在互联网上创建好了服务器，直接使用即可。如果是企业版的UiBot，既可以使用互联网上的服务器,也可以部署并使用的UiBot Mage服务器。如果使用互联网上的服务器,每个月的免费使用次数有限制。当使用者想要提取的字段较多,逐一编辑"获取卡证内容"命令和属性的过程比较烦琐。这时可以使用Mage AI识别向导,会更加方便快捷。

任务3 Mage AI中的向导功能应用

1. 向导功能命令介绍

上面描述了如何在UiBot Creator中使用Mage AI功能识别一张身份证中的信息。可以看到,当要获取的字段比较多时,操作略显烦琐。使用Mage AI还可以识别发票等票据信息,如果按照上述方法去操作,会更加烦琐。因为UiBot Mage在做卡证识别时每次只识别一张卡证(如一张身份证)。而在做票据识别时,由于很多财务部门都规定要把多张不同的票据贴在同一张纸上去报销,比如把增值税发票、火车票、出租车票等都贴在一起。UiBot Mage也会一次性地将这些票据都识别出来。这样在编写流程的时候,识别完成后要判断总共识别出了多少张票据,每张分别是什么类型的票据,不同类型的票据还会有不同的字段,比如火车票上会有出发地、目的地等,而增值税发票没有这些信息。这种情况只有高级程序开发者才有能力解决,对于初学者难度较大。

为此,在UiBot Creator中,提供了Mage AI的向导功能,可以通过图形化界面,快速引导用户配置图像识别器,设置提取类型和字段,并自动生成相关的命令框架,过程流畅,降低了前述情况的使用难度。

打开UiBot Creator,在编写任何一个流程块时,工具栏中都有一个Mage AI按钮,如图8-18所示。

图8-18 工具栏中的Mage AI按钮

单击该按钮,即可弹出Mage AI识别向导的窗口。可以看到,该向导包含配置识别器、选择图像来源、提出类型和字段三个步骤。

使用该向导可以自动生成一系列命令,大大简化了操作难度。图8-19所示的图像中,既有发票,又有出租车票,如果希望一次把这些票据中的关键字段提取出来。发票的方向即使是倒置的也没有关系,UiBot Mage会自动识别。

2. 向导功能应用操作步骤

只要按照Mage AI识别向导的如下三个步骤逐一填写相关信息即可。

(1)步骤一

打开Mage AI识别向导,首先进行识别器的配置,如图8-20所示。选择AI模块、选择AI能力及其识别器,这和前文中配置Mage识别器的操作类似,只需依次选择所需的功能和识别器即可。

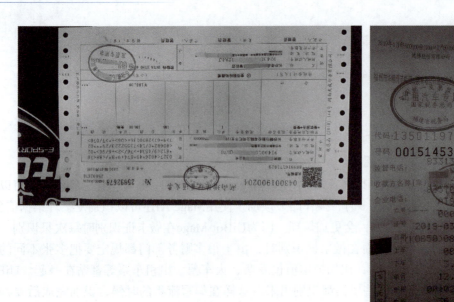

图8-19 多票据图像示例

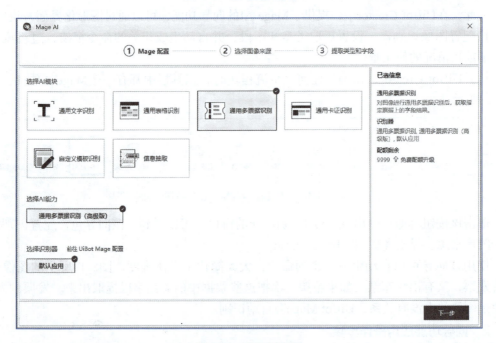

图8-20 配置识别器

（2）步骤二

选择图像来源。如图8-21所示，可以采取"选择目标"方式，使用鼠标从计算机屏幕中选择/截取一个识别区域；或者采取"选择图像"方式，选择一个本地图像文件；或者采取"选择PDF"方式，选择一个PDF文件并指定页面范围。

以选择本地图像为例，直接在本地硬盘上选取图像文件的路径即可。选择完成后，对话框中会自动显示出图像，以方便预览。

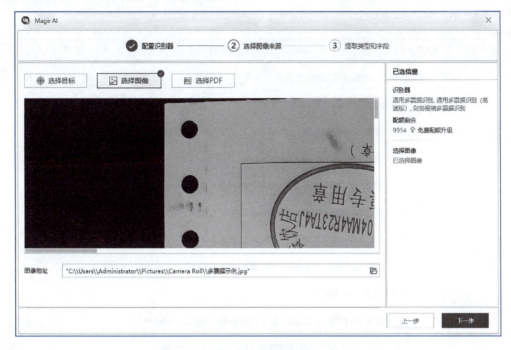

图8-21 选择图像来源

（3）步骤三

选择提取类型和提取字段。如图8-22所示，支持同时配置多种票据及其提取字段，配置之后，可以在右侧"已选信息"区域确认自己的选择。

图8-22 提取类型和字段示例

上述三个步骤都完成后，单击"完成"按钮，UiBot Creator会自动生成一系列命令，如图8-23所示。

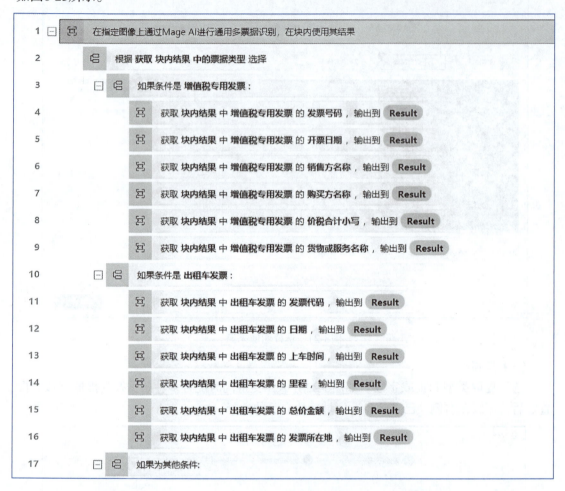

图8-23 通用多票据识别示例

3. 数据导出及后处理

可以看到，对于上述场景，UiBot Creator自动生成了17行命令，节省了我们的工作量。但这些命令仍然只是一个框架，还需要用户继续往里面填充其他命令，才能满足业务要求。例如，使用者可能需要把识别出的每一张增值税发票的信息填写到一个Excel文件中，把识别出的每一张出租车票填写到另外一个Excel文件中。使用者可能需要在流程中恰当的位置插入打开和关闭Excel文件的命令，并在恰当的位置插入写入Excel文件的命令。基于自动生成的框架，插入这些命令对用户来说已经没有难度了，这里不再列出示例流程，请自行练习。通过练习，不难发现，上述识别发票并把不同类型的发票自动录入Excel文件的流程，只需要不到10分钟就可以开发完成，在开发过程中，大多数操作也只需要用鼠标点选，键盘基本都不使用。可见UiBot Creator中"Mage AI识别向导"的便利性。识别后的效果如图8-24所示。

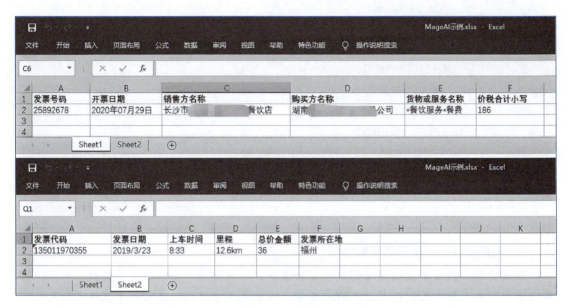

图8-24　运行结果示例

项目重难点总结

重点：
①通用卡证识别的二级菜单命令的使用方法。
②Mage AI中的卡证识别操作。

难点：
①Mage AI多票据图像识别操作。
②数据导出及后期处理。

测评与练习

1. 知识测评

在进行本项目学习实操之后，完成以下填空题以巩固相关知识点。

①如果把"_____"二级分类展开，可以看到下面还有"屏幕卡证识别""图像卡证识别""获取卡证类型"等五条命令，适合不同的应用场合。

②依次拖入"_____""_____"命令，获取识别结果中的卡证类型、姓名、出生日期、地址等信息。注意这些命令都有一个"卡证识别结果"属性。

③在UiBot Creator中，提供了Mage AI的_____，可以通过图形化界面，快速引导用户配置图像识别器，设置提取类型和字段，并自动生成相关的命令框架，过程流畅。

2. 能力测评

按表8-2中所列的操作要求，对自己完成的项目部分进行检查，操作完成得满分，未完成或错误得0分。

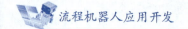

表8-2 技能测评表

序号	流程开发任务	分值	是否完成	自评分
1	通用卡证识别的应用	20		
2	获取卡证类型	10		
3	获取卡证内容	10		
4	Mage AI识别向导工具命令	20		
5	配置识别器	10		
6	选择图像来源	10		
7	提出类型和字段	20		
	总分			

3. 素质测评——课后拓展训练

假设你需要将火车票信息填到财务报销系统，你只有图片素材但需要提取出字段，可能以前大部分人是人工识别图片并输入文字，但通过OCR识别模块可以掌握强大的图像转文字工具提取出图片中的文字信息，然后将识别的"文本信息"汇编起来。

项目2 图片中的OCR——以发票识别为例

情景导入

小东同学在大三实习时去了某家公司当助理，利用平时信息基础课所学的技能帮公司领导做了很多图文处理的事情。然而最近公司领导交给小东一叠发票，要求小东在两天内把这几百张发票按照规定格式将其中的关键票面信息录入财务检查的Excel电子报表中，强调时间紧急且不能出错。关键的票面信息包含了很多文字数字代码信息，包括"发票代码""发票号码""开票日期""销货方名称""货物或服务名称""金额""税额""价税合计""购买方名称""购买方纳税识别号""效验码"等信息。

项目描述

帮小东设计一个RPA机器人流程，RPA机器人打开文件夹，通过Mage AI识别发票的各项信息，依次将识别的"发票代码""发票号码""开票日期""销货方名称""货物或服务名称""金额""税额""价税合计""购买方名称""购买方纳税识别号""效验码"等信息汇总输入至Excel工作簿。

项目实施

本项目按照流程规划及RPA设计准备、"校验码"信息的RPA自动识别和录入及完整RPA设计结果来分步实施。

任务1　流程规划及RPA设计准备

1. 流程规划

RPA机器人打开文件夹，通过Mage AI识别发票的各项信息，依次将识别的"发票代码""发票号码""开票日期""销货方名称""货物或服务名称""金额""税额""价税合计""购买方名称""购买方纳税识别号""效验码"等信息汇总输入Excel工作簿。

RPA机器人模拟人工操作步骤，完成指令见表8-3。

表8-3　RPA机器人模拟人工操作步骤一览表

步骤	流程描述	机器人/人工
1	打开"发票信息汇总"工作簿	机器人
2	获取发票文件夹中发票名称	机器人
3	通过Mage AI识别并汇总到表格	机器人
3.1	通过Mage AI识别并获取发票信息	机器人
3.2	将信息放入"发票信息汇总"工作簿	机器人
4	记录完毕，关闭工作簿	机器人

根据指令设计思路，设计操作流程图，如图8-25所示。

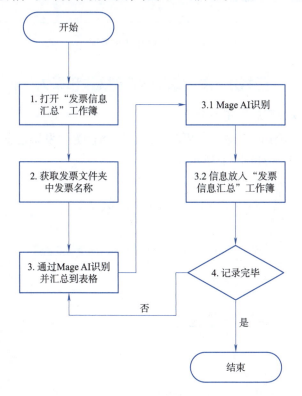

图8-25　设计操作流程图

2. RPA设计准备

新建一个《发票识别》流程，进入流程界面，修改流程块名称为发票识别，单击流程的编辑按钮进入流程编辑界面,如图8-26所示。

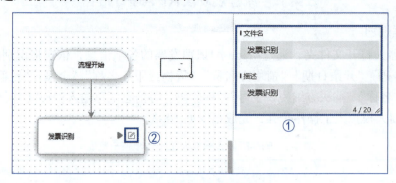

图8-26　发票识别流程编辑界面

如图8-27所示,将发票文件夹及"发票信息汇总.xlsx"工作簿存放在流程文件夹res目录下,以便使用。

图8-27　流程文件夹界面

任务2　发票识别RPA操作和录入

1. 打开"发票信息汇总"工作簿

添加"打开Excel工作簿"命令,更改"路径"属性为"发票信息汇总"存放的路径。打开Excel工作簿命令界面如图8-28所示。

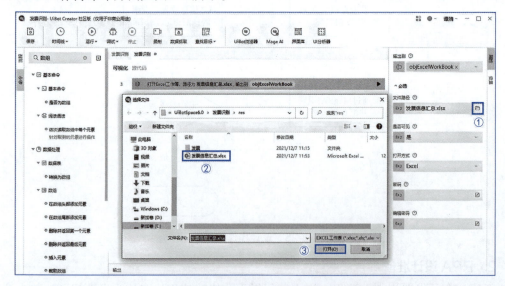

图8-28　打开Excel工作簿命令界面

2. 获取发票文件夹中发票名称

如图8-29所示，添加"获取文件或文件夹列表"命令，更改"路径"属性为"发票"文件夹。

图8-29　获取文件或文件夹列表命令

3. 通过 Mage AI 识别并汇总到表格

（1）遍历文件夹中的文件

①添加"依次读取数组中每个元素"命令，按图8-30所示进行设置。

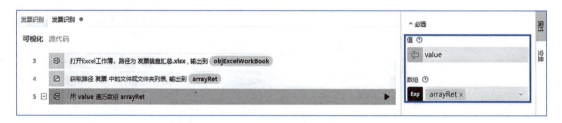

图8-30　依次读取数组中每个元素命令界面

②Mage AI识别。按图8-31所示进行设置，通过Mage AI识别并获取多票据信息。

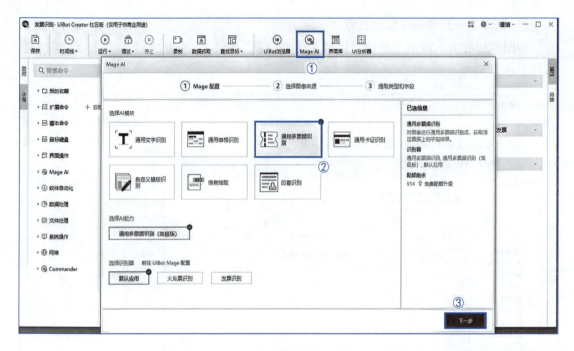

图8-31 通过Mage AI识别并获取多票据信息界面

③Mage AI配置采用"选择PDF"方式，按图8-32所示进行设置。

图8-32 Mage AI配置采用"选择PDF"方式设置界面

④在图8-33所示设置界面中对Mage AI选择字段进行设置。而后拖动Mage AI命令到"依次读取数组中每个元素"命令内。

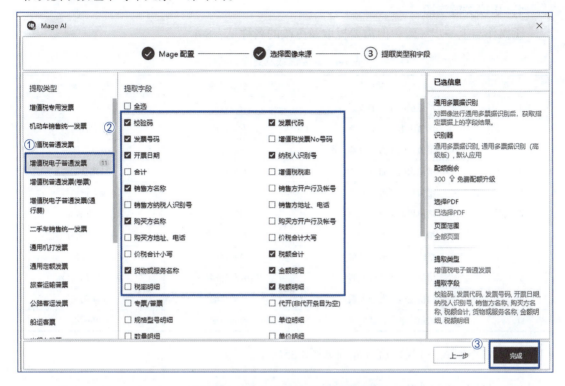

图8-33　Mage AI选择字段设置界面

（2）提取字段

如图8-34所示，根据提取字段修改变量名称，更改"输出到"属性为"校验码"。

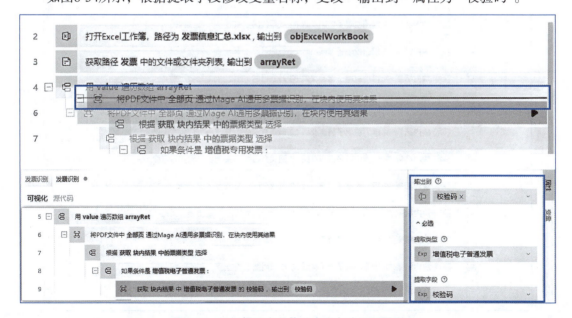

图8-34　根据提取字段修改变量名称设置界面

181

任务3 完整RPA设计及拓展

1. 更换关键字段

①操作与上一步一致，但需要提取及更改的名称见表8-4。

表8-4 需要提取及更改的名称

序　号	提取类型	提取字段	输　出　到
1	增值税电子普通发票	校验码	校验码（上一步）
2	增值税电子普通发票	发票代码	发票代码
3	增值税电子普通发票	发票号码	发票号码
4	增值税电子普通发票	开票日期	开票日期
5	增值税电子普通发票	纳税人识别号	纳税人识别号
6	增值税电子普通发票	销售方名称	销售方名称
7	增值税电子普通发票	购买方名称	购买方名称
8	增值税电子普通发票	税额合计	税额合计
9	增值税电子普通发票	货物或服务名称	货物或服务名称
10	增值税电子普通发票	金额明细	金额明细
11	增值税电子普通发票	税额明细	税额明细

②修改完成后，可视化流程界面如图8-35所示。

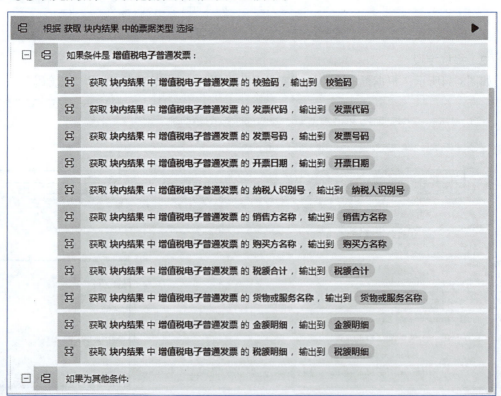

图8-35 修改关键字段后可视化流程界面

2. 信息放入"发票信息汇总"工作簿

（1）获取行数

如图8-36所示，添加"获取行数"命令，更改"输出到"属性为"行数"。

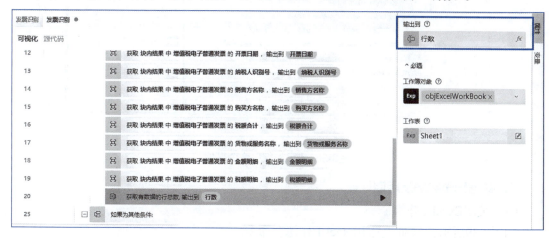

图8-36 "获取行数"命令属性

（2）发票信息写入数组中

如图8-37所示，添加"变量赋值"命令，更改"变量名"属性为"发票汇总信息"；更改"变量值"属性为"[行数,发票代码,发票号码,开票日期,销售方名称,货物或服务名称,金额明细,税额明细,税额合计,购买方名称,纳税人识别号,校验码]"。

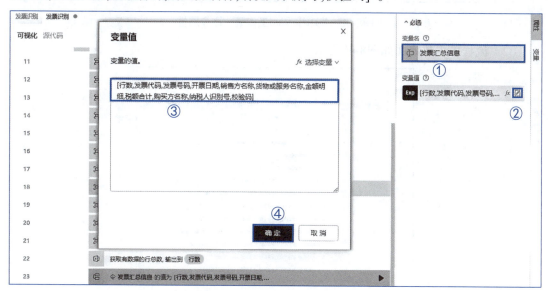

图8-37 "变量赋值"命令属性

（3）逐条写入信息

如图8-38所示，添加"写入行"命令，点亮"单元格"属性Exp后更改为""A"&行数+1"；点亮"数据"属性Exp后更改为"发票汇总信息"。

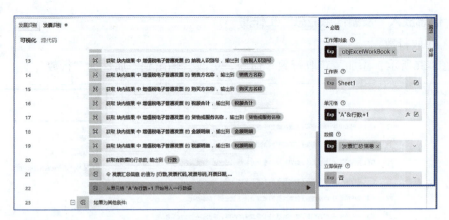

图8-38 "写入行"命令属性

3. 数据记录完毕及后期处理

（1）关闭Excel工作簿

如图8-39所示，添加"关闭Excel工作簿"命令。

图8-39 "关闭Excel工作簿"命令属性

（2）流程可视化界面如图8-40所示。

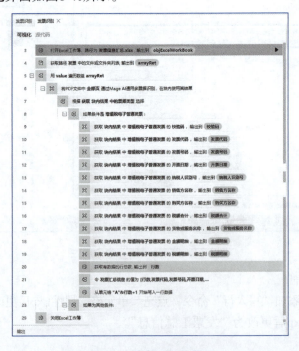

图8-40 流程可视化界面

（3）保存后退出流程块

如图8-41所示，添加"流程结束"流程块，连接后单击"保存"按钮。

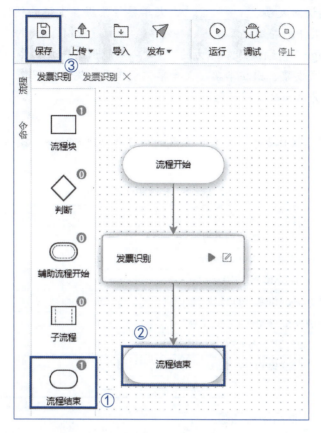

图8-41 流程结束流程块设置界面

视频
OCR应用于
发票识别讲解

OCR应用于发票识别讲解可扫码学习。

项目重难点总结

重点：
①流程规划及RPA设计准备。
②OCR识别的RPA具体操作和录入。

难点：
①信息放入"发票信息汇总"工作簿。
②完整RPA设计步骤和时序。
③数据导出及后期处理。

测评与练习

1. 知识测评

在进行本项目学习实操之后，完成以下填空题以巩固相关知识点。

①在"本地OCR"命令中，除了常用的_____命令外，还有"图像OCR识别"等命令。

②百度OCR模块对发票、_____、火车票等票据、卡证的图像进行了特别优化，能较为准确地识别其中的关键内容。

③在UiBot Mage中，预训练AI能力的_____能识别普通发票、专用发票、电子发票、销货清单、卷式发票、出租车票、火车票、动车票、飞机行程单、定额发票、购车发票等全票种发票，并返回核心字段值。

2. 能力测评

按表8-5中所列的操作要求，对自己完成的项目部分进行检查，操作完成得满分，未完成或错误得0分。

表8-5 技能测评表

序号	流程开发任务	分值	是否完成	自评分
1	打开"发票信息汇总工作簿"	10		
2	获取发票文件夹中发票名称	10		
3	通过Mage AI识别并汇总到表格	20		
4	通过Mage AI识别并获取发票信息	20		
5	将信息放入"发票信息汇总工作簿"	10		
6	记录完毕，关闭工作簿	10		
7	更换关键字段举一反三	20		
	总分			

3. 素质测评——课后拓展训练

财务部小红今天收到若干张发票，需要做发票登记，一张张发票记录比较烦琐。重复的操作让小红很是苦恼。于是小红想研发一个发票识别机器人，识别发票信息并记录在Excel表格中。需要识别的发票信息包含发票代码、发票号码、开票日期、销货方名称、货物或应税劳务服务名称、金额、税额、价税合计、购买方名称、购买方纳税识别号和校验码。

要求：

①新建一个《发票识别》流程，进入流程界面，并修改流程块名称为发票识别，单击流程的编辑按钮进入流程编辑界面。

②将发票文件夹及"发票信息汇总.xlsx"工作簿存放在流程文件夹res目录下以便使用。

③使用Magi AI识别发票，将数据写入工作簿。

模块 9
办公自动化综合案例

知识目标
◎ 理解流程图的高级知识。
◎ 熟悉数据抓取的基本操作。
◎ 了解RPA高级开发的基本步骤和方法。

能力目标
◎ 能够根据实际需求设计RPA流程,实现各类网页上数据的批量抓取。
◎ 进一步加强OCR在财务综合案例中的自动化识别和RPA操作能力。

素养目标
◎ 有效管理项目时间线,合理安排任务优先级,确保RPA项目按时完成并达到预期效果。
◎ 培养在面对技术挑战或流程瓶颈时,能够自主分析问题并找到解决方案的能力。

知识准备

RPA的实现基础是流程的设计合理、完备和准确,经过多个模块多个项目的实践后,读者对RPA的基本操作和使用方法都有了一定的理解和经验。当面对较复杂的综合案例时,首先需要理清思路、规划好流程设计,其后再细化到具体的指令操作步骤,最后还需要一定的程序调试知识和方法,来检查程序中可能的错误或进一步优化完善自动化程序。前面对流程作了简要介绍,这里详细阐述流程图的高级知识,通过两个项目案例的强化实践,加强读者对综合案例的操作能力,通过高级开发知识和实践案例,可综合提高使用者的整体能力。

1. 流程图变量

当需要在多个流程块之间共享和传递数据、在流程图中使用"判断"组件时,可先参考本模块内容。流程图和流程块中都可以使用"变量"存储数据:流程块中的变量使用范围仅限于当前流程块中,在流程图和其他流程块中无法直接使用;从UiBot Creator 5.0版本开始,在流程图中也可以定义变量。如果在流程图中定义了一个变量,那么在流程图所包含的所有流程块中,都可以直接使用该变量。下面举例说明流程图变量的具体用法。

假设有一张流程图,包含两个流程块,分别命名为"流程块1"和"流程块2",如图9-1所示。"流程块1"先运行,它的功能是获得当前系统时间,并将系统时间转换为字符串格式。"流程块2"后运行,它的功能是把"流程块1"生成的字符串格式的系统时间,以调试信息的方式显示出来。

由于"流程块1"和"流程块2"之间需要传递"字符串格式的系统时间"这一数据,可以将其保存在流程图变量中,进行传递。首先在流程图中定义该变量。在"流程图"视图中找到并单击位于右侧的"变量"标签,可以看到所有流程图变量,单击"添加"按钮,输入变量名x(不区分大小写),即可增加一个流程图变量。

每个流程图变量还可以指定"使用方向",包括"输入""输出""无"三种使用方向。其中"输入"和"输出"都是高阶功能,在子流程中才需要使用。如果只考虑当前这一个流程的话,将使用方向设为"无"即可。单击流程块1的"纸和笔"图标("编辑"按钮)进入流程块1的可视化视图,插入一条"获取本机当前时间"和一条"获取指定格式的时间文本"命令(在"时间"分类下),并把"获取指定格式的时间文本"中的"时间"属性设为"获取系统时间"的结果,即可得到当前时间,并以容易阅读的字符串格式保存在流程图变量x中。由于x是流程图变量,因此,在下一个流程块中,可以直接使用x的值。如果觉得输入变量名称太麻烦,或者变量名太长记不住。也可以在流程块的"可视化视图"的"属性"区域,找到fx按钮或者单击下拉按钮,弹出的列表中会列出所有可用的流程块变量、流程图变量和系统变量,选择其中之一即可。如上所述:"流程块变量"仅限于当前流程块使用,"流程图变量"可以在整个流程图的任意一个流程块中使用,此外还有"系统变量",不需要用户定义或赋值,可以直接使用预置的值。再单击流程块2的"纸和笔"图标进入流程块2的可视化视图,插入一条"输出调试信息"命令,并把"输出内容"属性设为x(如前所述,变量x为流程图变量,可以直接使用,而不需要再定义)。回到流程图界面,单击"运行"按钮,即可看到运行结果,显示出当前时间,操作界面如图9-1所示。

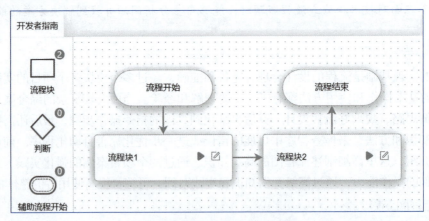

图9-1 两个依次运行的流程块

2. 流程块的输入和输出

上面展示了用流程图变量在两个流程块之间传递数据。这种方式简单易懂,但略有些烦琐:明明是两个流程块之间传递数据,非要把流程图也牵扯进来,显得多此一举。其实,不依靠流程图变量,两个相邻的流程块之间,也可以传递数据。前一个流程块运行结束时,可以将一个值"输出",这个输出值通过两个流程块之间连接的箭头,直接"传导"到下一个流程块中。

下面介绍如何在前一个流程块中输出一个值,并且在后一个流程块中获得这个值的方法。首先,进入前一个流程块,在"命令区"找到"词法语法"下面的"跳出返回"命令,将其拖动到"组装区",并在"属性区"设置其输出值,可以是数值、字符串,也可以是变量或表达式。或者,如果开发者习惯使用源代码视图,在流程中书写Return "输出值",效果也是一样的。在运行时遇到这条命令,就会跳出当前流程块,并且把输出值传到后一个流程块。

下面,进入后一个流程块,当其中有某条命令需要使用前一个流程块的输出值(也就是当前流程块的输入)时,直接在"属性区"找到相应的属性,单击fx按钮,并在弹出的菜单中选择"系统变量"→"流程块的输入"命令,即可在运行时自动获得该值。当然,如果开发者习惯使用源代码视图,也可以直接书写$BlockInput(变量前面的$符号表示这是一个系统变量)。

3. 复杂流程图的实现

请读者透过现象看本质:再复杂的流程图,按照其结构组成来分类,大致可以分为三种,即顺序结构、选择结构和循环结构,下面分别阐述这三种流程图如何用UiBot RPA方法实现。

(1)顺序结构

在顺序结构中,各个步骤按先后顺序执行,这是一种最简单的基本结构。如图9-2所示,A、B、C是三个连续的步骤,它们是按顺序执行的,即完成上一个框中指定的操作才能再执行下一个动作。

(2)选择结构

如图9-3所示,选择结构又称分支结构,选择结构根据某些条件来判断结果,根据判断结果来控制程序的流程。在实际运用中,某一条分支路线可以为空[见图9-3(b)(c)]。

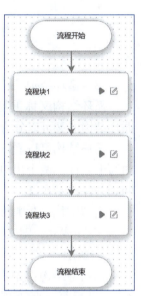

图9-2 顺序流程图

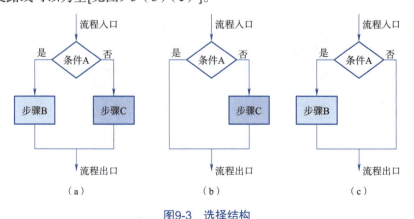

图9-3 选择结构

UiBot中实现选择结构的选择流程图如图9-4所示。

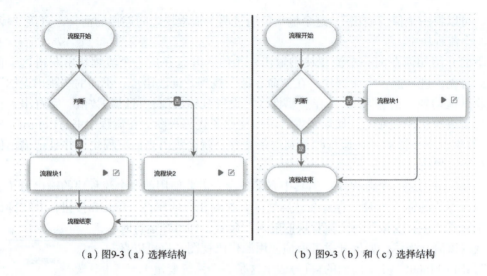

（a）图9-3（a）选择结构　　　　　　（b）图9-3（b）和（c）选择结构

图9-4　用UiBot实现图9-3所示选择结构

（3）循环结构

循环结构又称重复结构，指的是流程在一定条件下，反复执行某一操作的流程结构。循环结构下又可以分为当型结构和直到型结构。

循环结构可以看成一个条件判断和一个向回转向的组合，使用流程图表示时，判断框内写上条件，两个出口分别对应着条件成立和条件不成立时的执行路径，其中一条路径要回到条件判断本身。

当型结构：先判断所给条件P是否成立，若P成立，则执行步骤A；再判断条件P是否成立，若P成立，则又执行步骤A，如此反复，直到某一次条件P不成立时为止。流程结束，如图9-5所示。

直到型结构：先执行步骤A，再判断所给条件P是否成立，若P不成立，则再执行步骤A，如此反复，直到P成立，该循环过程结束，如图9-6所示。

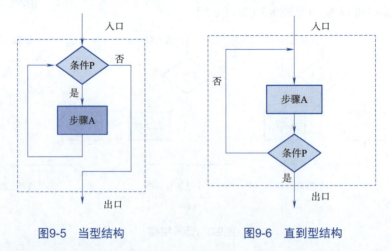

图9-5　当型结构　　　　　　图9-6　直到型结构

UiBot中实现循环结构的循环流程图如图9-7所示。

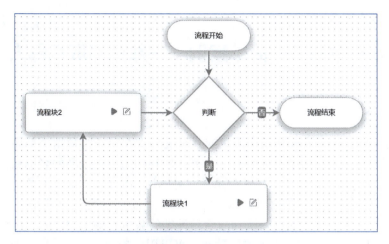

图9-7 用UiBot实现循环流程图

具体使用上，UiBot使用"判断"组件实现上述功能，把"判断"组件拖到流程图中，并单击选中，即可在属性栏中看到该组件的属性。如图9-8所示。其中"条件表达式"属性很关键，用户可以填写一个变量或者表达式（这里只能使用流程图变量）。在流程运行到此判断时，将根据该变量或表达式的值是否为真，来决定后面沿着"是"还是"否"所示的出箭头继续运行。

图9-8 判断表达式

"判断"组件有两个出箭头，一个标有"是"，一个标有"否"，当其属性中的"条件表达式"为真时，沿着"是"箭头往后运行，否则，沿着"否"箭头往后运行，如图9-9所示。

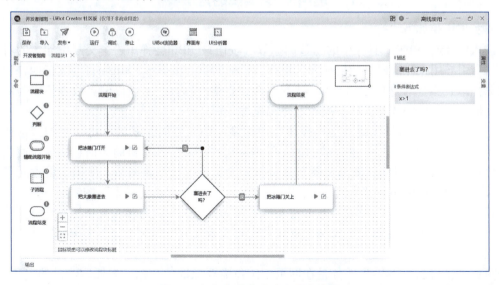

图9-9 根据条件表达式来决定流程

流程图知识简介可扫码学习。

视 频

流程图基础
与实践应用

项目1　简单案例——数据抓取机器人

情景导入

在RPA流程中，经常需要从某个网页或某个表格中获得一组数据。例如，在浏览器中打开某个电商网站，并搜索某个商品后，希望把搜到的每一种商品的名称和价格都保存下来。这里的商品名称和价格等都是界面元素，可以用UiBot的"界面元素自动化"命令逐一去网页中选择界面元素（如商品名称、价格等），再用"获取文本"等命令得到每一项的内容。但显然非常烦琐，而且在搜到的商品种类的数量不事先固定时，也会比较难以处理。实际上，UiBot提供了"数据抓取"功能，可以用一条命令，一次性地把多组相关联的数据都读出来，放在一个数组中。这种搜索网页并抓取数据导出到相应文档中的方法也同样在小黄搜索合适职位的海量数据中发挥了重要作用。

项目描述

项目运用RPA实现的目标：UiBot提供了"数据抓取"功能，可以用一条命令，一次性地把多组相关联的数据都读出来，放在一个数组中。

项目实施

根据三个任务的具体内容，按照RPA机器人模拟人工操作步骤的次序展开本章案例任务的实施操作讲解。

任务1　运用RPA实现的方法解析

具体实现步骤如下：

①进入UiBot，单击工具栏中的"数据抓取"按钮，UiBot会弹出一个交互引导式的对话框，其会引导用户完成网页数据抓取。根据对话框的第一步提示，UiBot目前支持四种程序的数据抓取：桌面程序的表格、Java表格、SAP表格、网页。下面以网页数据抓取为例阐述，其他三种程序的数据抓取在操作上并无显著区别。

②单击"选择目标"按钮，这一按钮与前面学习的"界面元素自动化"中的"选择目标"按钮用法一致。例如，这里演示的是抓取某电商网站上的手机商品信息，可以使用"浏览器自动化"的"启动新的浏览器"命令打开浏览器并打开该网站，使用"设置元素文本"命令在搜索栏中输入"手机"，使用"点击目标"命令单击"搜索"按钮。

注意：UiBot并不会帮用户自动打开想要抓取的网页和页面，因此在数据抓取之前，需要预先打开数据网页或桌面程序表格。该工作可以手动完成，也可以通过UiBot其他命令组合完成。

③网页准备好后，下一步任务是在网页中定位需要抓取的数据，先抓取商品的名称，仔细选择商品名称的目标（红框蓝底遮罩框）。此时，UiBot弹出提示框，提示"请选择层级一样的数据再抓取一次"。用户可能会感到疑惑：什么叫层级一样的数据？为什么还要

再抓取一次呢？这是因为，我们要抓取的是一组数据，必须找到这一组数据的共同特征。第一次选取目标后，得到一个特征，但是仍然不知道哪些特征是所有目标的共性、哪些特征只是第一个目标的特性。只有再选择一个层级一样的数据并抓取一次，UiBot才能保留所有目标的共性，而刨去每个目标各自的特性。就好比在数学中，两个点才能确定一条直线，我们只有选取两个数据，才能确定要抓取哪一列数据。定位需要抓取的数据，这里先抓取商品的名称，仔细选择商品名称目标（红框蓝底遮罩框）。

④再次在网页中定位需要抓取的数据，也就是商品的名称，第一次抓取的是第一个商品的名称，这次抓取第二个商品的名称。这里一定要仔细选择商品名称的目标，保证第二次和第一次抓取的是同一个层级的目标，因为Web页面的层级有时候特别多，同样一个文本标签嵌套数层目标。当然，强大而贴心的UiBot也会帮用户做检查，这里只是先给用户提个醒，选错目标时UiBot会报错。另外，也可以选择第三个、第四个商品的名称进行抓取，这些都不影响数据的抓取结果，只要是同一层级就可以。两次目标都选定完成后，UiBot再次给出引导框，询问"只是抓取文字还是文字链接一起抓取"，按需选择即可。单击"确定"按钮后，UiBot会给出数据抓取结果的预览界面，用户可以查看数据抓取结果与自己的期望是否一致：如果不一致，可以单击"上一步"按钮重新开始数据抓取；如果一致，且只想抓取"商品名称"这一组数据，那么单击"下一步"按钮即可；如果想抓取更多组数据，如商品单价格，那么可以单击"抓取更多数据"按钮。UiBot会再次弹出选择目标界面。

⑤循环使用这个方法，还可以进一步增加多组需要抓取的数据，如商品的卖家名称、评价数量等。如果不再需要抓取更多数据，那么单击"下一步"按钮。此时出现的引导页面询问"是否抓取翻页"，这是什么意思呢？假设把网页数据看成一个二维数据表的话，前面的步骤是增加数据表的列数，如商品名称、价格等，而抓取翻页，是增加数据表的行数。如果只抓取第一页数据，那么单击"完成"按钮即可；如果需要抓取后面几页的数据，那么单击"抓取翻页"按钮。

⑥当所有步骤完成后，可以看到UiBot插入了一条"数据抓取"命令到命令组装区，且该命令的各个属性都已通过引导框填写完毕。大部分属性通常都不需要再修改，个别属性还可以进一步调整："抓取页数"属性指的是抓取几页数据；"返回结果数"属性限定每一页最多返回多少结果数，-1表示不限定数量；"翻页间隔"属性指的是每隔多少毫秒翻一次页，有时候网速较慢，需要间隔时间长一些网页才能完全打开。

任务2 京东商品信息抓取机器人的流程设计

1. 需求分析

小黄在京东上寻找手机信息，一个个点开查看，十分费时，而且不方便对比，人工浏览界面如图9-10所示。于是寻求RPA技术服务帮忙制作智能机器人打开京东网址进行关键词"手机"搜索并批量抓取手机名称、价格与网址放入Excel表格中。然后打开前五页详细页面，同时获取物流信息。

2. 自动化流程设计准备

根据前述需求分析，设计开发"京东抓取"机器人。RPA机器人模拟人工操作步骤见表9-1。

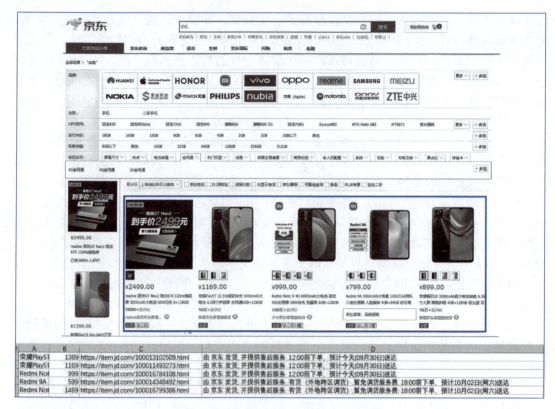

图9-10 京东上寻找手机信息人工浏览界面

表9-1 RPA机器人模拟人工操作步骤一览表

编号	名称	详细描述
1	打开网页	打开京东网页
2	搜索手机	在搜索框输入手机，点击搜索
3	打开手机详细页	打开前五个手机详细网页
4	复制手机信息	复制手机名称、价格、网址与物流信息
5	粘贴至表格	粘贴到"京东数据抓取"工作簿

如图9-11所示，新建"京东抓取机器人"流程，该流程仅有"京东抓取机器人"一个流程块。下载"京东数据抓取"实验材料，并将其保存在该流程的res文件夹下。

图9-11 京东抓取机器人流程块操作界面

任务3 京东商品信息抓取机器人的开发实践

1. 开发步骤

（1）打开浏览器

如图9-12所示，尝试只打开一个浏览器，并添加"尝试执行操作"命令。

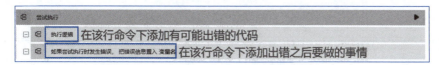

图9-12 尝试执行操作命令设置界面

（2）尝试执行中绑定浏览器

如图9-13所示，添加"绑定浏览器"命令，更改"浏览器类型"属性为Google Chrome（如果已经打开一个浏览器就会在该浏览器中执行命令）。

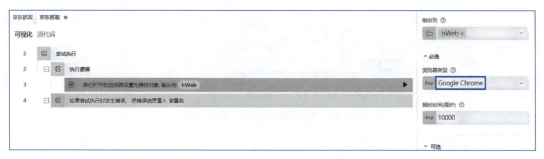

图9-13 "绑定浏览器"命令属性

（3）打开京东网址

如图9-14所示，添加"打开网页"命令，更改"加载链接"属性为https://www.jd.com/。

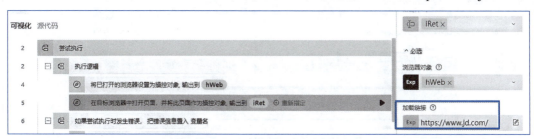

图9-14 "打开网页"命令属性

（4）如果尝试执行时发生错误，则执行启动新的浏览器

如图9-15所示，添加"启动新的浏览器"命令，更改"浏览器类型"属性为Google Chrome；更改"打开链接"属性为https://www.jd.com/。

2. 搜索目标信息字段

（1）搜索框输入手机

如图9-16所示，添加"在目标中输入"命令，"未指定"从界面选择输入框控件，更改"写入文本"属性为"手机"。

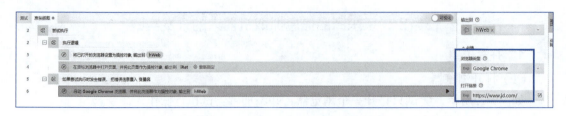

图9-15 "启动新的浏览器"命令属性

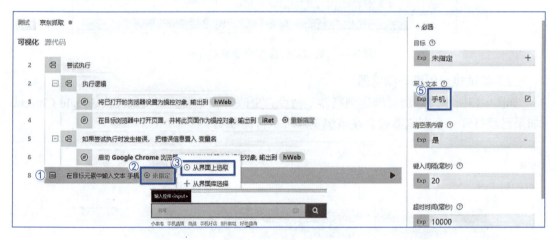

图9-16 "在目标中输入"命令属性

（2）界面选取

如图9-17所示，点击搜索，添加"点击目标"命令，点击"从界面上选取"搜索"按钮"。

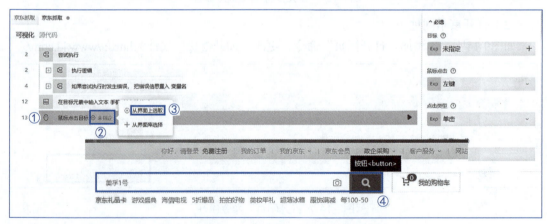

图9-17 "点击目标"命令属性

项目重难点总结

重点：

①数据抓取功能的应用。

②数据抓取RPA流程设计。

③数据导出与文档生成。

难点：
①数据层级的理解与选择。
②翻页机制的处理。
③异常处理与流程优化。

测评与练习

1. 能力测评

按表9-2中所列的操作要求，对自己完成的项目部分进行检查，操作完成得满分，未完成或错误得0分。

表9-2 技能测评表

序号	流程开发任务	分值	是否完成	自评分
1	打开网页	10		
2	搜索手机	10		
3	打开手机详细页	10		
4	复制手机信息	10		
5	粘贴至表格	20		
6	程序调试优化	20		
7	更换浏览内容举一反三	20		
	总分			

2. 课后拓展训练

小黄同学需要写毕业论文了，她的专业是现代传媒的数字媒体应用，导师建议她先在中国知网上搜集一些相关专业的毕业论文来阅读，小黄初步搜索后发现有两百多篇类似论文，应该重点看哪些呢？于是小黄利用RPA选修课上所学的技能在几分钟内就把知网的搜索结果（包含毕业院校、论文主题、作者导师等信息）的Excel汇总表生成出来，她将该表格发给导师，导师给她缩小了阅读范围，这是她成功完成毕业设计的第一步。帮小黄设计一个抓取知网信息的RPA机器人程序。

项目2　进阶案例——发票验真机器人

情景导入

小东在公司内已经成为办公自动化（RPA）方面的"小专家"，今年公司新招聘了小黄同学，安排小黄先跟着小东学习自动办公技能，小黄遇到的任务和当年小东的差不多，需要将一大堆的发票进行智能识别和录入要求信息，而且还要对发票进行官网的验真，小黄在数据抓取方面是有经验的，但是OCR方面需要再培训锻炼，后续的验真涉及的网页界面操作，相信小黄应该可以轻松应对。

流程机器人应用开发

项目描述

项目运用RPA实现的目标：请帮助小黄设计一个带OCR功能的RPA机器人，RPA机器人打开发票查验网站，依次读取电子发票的"发票代码""发票号码""开票日期""开具金额（不含税）""校验码"等信息，并将相关信息输入至查验平台，输入验证码，完成查验。

项目实施

根据OCR典型财务案例的流程规划、RPA开发设计及完整案例实践的任务顺序依次展开本章案例项目的具体操作讲解。

任务1　OCR典型财务案例的流程规划

1. **流程自动化设计**

RPA机器人打开发票查验网站，依次读取电子发票的"发票代码""发票号码""开票日期""开具金额（不含税）""校验码"等信息，并将相关信息输入至查验平台，输入验证码，完成查验。

RPA机器人模拟人工操作步骤，完成指令见表9-3。

表9-3　RPA机器人模拟人工操作步骤一览表

步骤	流程描述	机器人/人工
1	打开"发票查验"网站，并将该网站最大化显示	机器人
2	获取电子发票存放的路径	机器人
3	遍历第2步获取到的每一张电子发票	机器人
3.1	依次利用Mage AI模板识别电子发票中的发票代码、发票号码、开票日期、金额明细、校验码	机器人
3.2	将第3.1步识别的发票信息分别录入到发票查验网站中	机器人
3.3	在发票查验网页上判断是否为"开具金额（不含税）"字段	机器人
3.3.1	如果是"开具金额（不含税）"字段，则填入开具金额（不含税）	机器人
3.3.2	否则，为校验码后六位数字，需抽取校验码中后六位数字填入	机器人
3.4	手动输入验证码直到成功	人工
3.5	弹出消息框提示用户发票查验情况	机器人
3.6	所有发票是否全部查验完成，若未完成，则循环查验	机器人
4	若全部查验完成，则弹框提示用户已全部查验完成	机器人
5	关闭浏览器	机器人

根据指令设计思路，设计操作流程图，如图9-18所示。

模块9　办公自动化综合案例

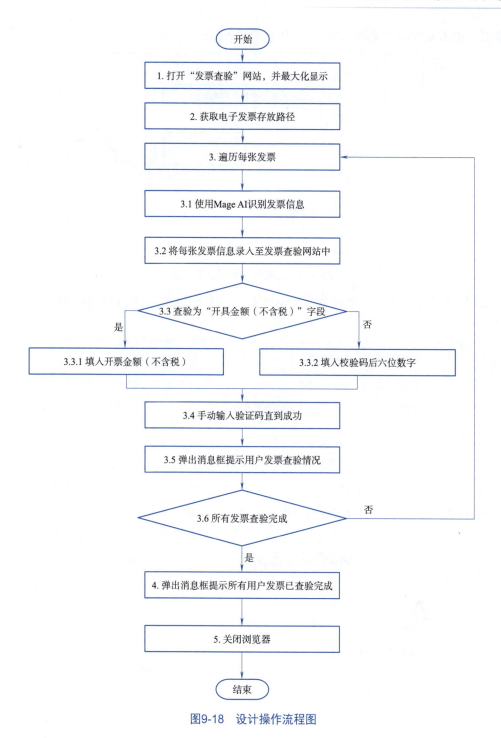

图9-18　设计操作流程图

任务2　RPA开发设计

1. 前期准备

（1）新建机器人

如图9-19所示，新建一个《发票验真》流程，进入流程界面，并修改流程块名称为发票验真,单击流程的"编辑"按钮进入流程编辑界面。

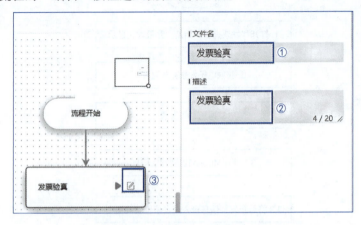

图9-19　发票验真流程设置界面

如图9-20所示,将"应收账款明细余额表"文件夹存放在流程文件夹res目录下,以便使用。

图9-20　流程文件夹目录设置界面

(2)打开发票查验的网址

如图9-21所示,第一次会出现网页提示,单击"高级"按钮。

图9-21　打开发票查验网址的界面

如图9-22所示,单击"继续前往"超链接,打开"国家税务总局全国增值税发票查验平台"窗口。

图9-22　单击"继续前往"超链接

如图9-23所示,首次查验前,还需安装根证书。安装步骤详见网页提示。

图9-23　安装根证书

任务3　完整案例实践及详细开发步骤

1. 打开"发票查验"网站

(1)添加"启动新的浏览器"命令

如图9-24所示,添加"启动新的浏览器"命令,更改"浏览器类型"属性为Google Chrome;更改"打开链接"属性为https://inv-veri.chinatax.gov.cn/。

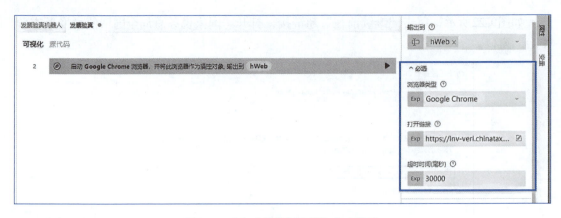

图9-24 "启动新的浏览器"命令属性

（2）最大化显示发票检验网页窗口

如图9-25所示，添加"更改窗口显示状态"命令，单击查找目标后，在查验平台界面任意位置点击即可；更改"显示状态"属性为"最大化"。

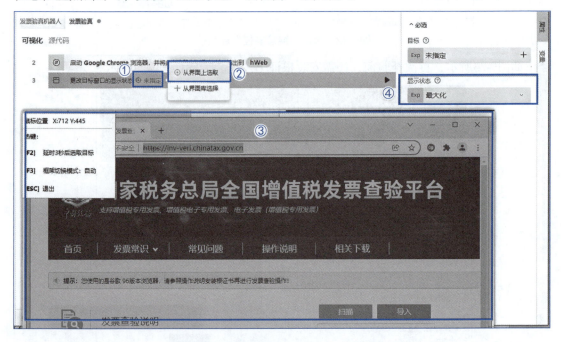

图9-25 "更改窗口显示状态"命令属性

2. 获取电子发票存放路径

如图9-26所示，添加"获取文件或文件夹列表"命令，更改"路径"属性为"发票"存放的路径。

3. 依次循环每张发票

如图9-27所示，添加"依次读取数组中每个元素"命令。

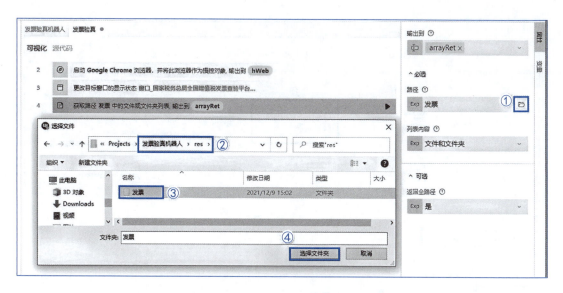

图9-26 "获取文件或文件夹列表"命令属性

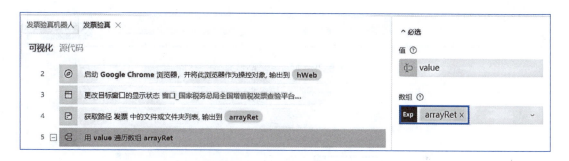

图9-27 "依次读取数组中每个元素"命令属性

4. 使用 Mage AI 识别发票信息

如图9-28所示,单击Mage AI按钮。

图9-28 单击Mage AI按钮

如图9-29所示,进行Mage配置。

如图9-30所示,选择图像来源。因为本案例给的发票是pdf形式,因此采用"选择PDF"方式;文件路径为value。

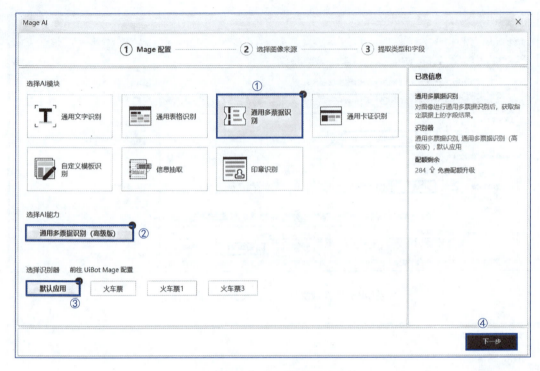

图9-29　Mage配置界面

图9-30　选择图像来源设置界面

如图9-31所示，提取类型和字段。本案例的发票均为增值税电子普通发票，因此提取类型选择"增值税电子普通发票"；提取字段根据增值税发票查验平台认证时所需字段进行勾选。

如图9-31所示，勾选"发票代码""发票号码""开票日期""金额明细""校验码"字段。此处的"金额明细"即对应增值税发票查验平台上的"开具金额（不含税）"。

图9-31　提取类型和字段设置界面

根据提取字段修改变量名称，即更改"输出到"属性。如图9-32所示，更改"输出到"属性为"校验码"。

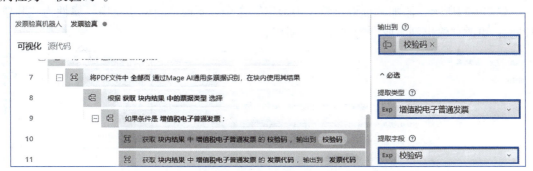

图9-32　更改"输出到"属性

其他操作同上，需要提取及更改的名称见表9-4。

表9-4　RPA需要提取及更改的名称一览表

序号	提取类型	提取字段	输出到
1	增值税电子普通发票	校验码	校验码
2	增值税电子普通发票	发票代码	发票代码

续表

序号	提取类型	提取字段	输出到
3	增值税电子普通发票	发票号码	发票号码
4	增值税电子普通发票	开票日期	开票日期
5	增值税电子普通发票	金额明细	金额明细

如图9-33所示，修改完成后可视化界面如图9-33所示。

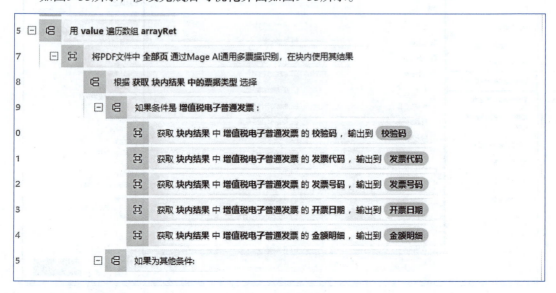

图9-33 可视化界面

抽取开票日期：因为在增值税发票查验平台中，开票日期的格式为YYYMMDD，因此需要从获取的开票日期中抽取开票日期的数字。

如图9-34所示，添加"抽取字符串中数字"命令，更改"目标字符串"属性为"开票日期"；更改"输出到"属性为"开票日期1"。

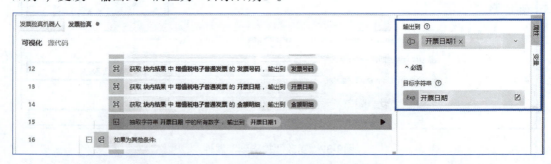

图9-34 "抽取字符串中数字"命令属性

5. 将每张发票信息录入至发票查验网站中

在增值税发票查验平台的发票号码输入框中，输入发票代码。如图9-35所示，添加"在目标中输入"命令，点击查找目标，选择增值税发票查验平台的发票代码输入控件，点亮"写入文本"属性Exp后更改为"发票代码"。

图9-35 设置"发票代码"界面

在增值税发票查验平台的发票号码输入框中输入发票号码。如图9-36所示，添加"在目标中输入"命令，点击查找目标，选择增值税发票查验平台的发票号码输入控件，点亮"写入文本"属性Exp后更改为"发票号码"。

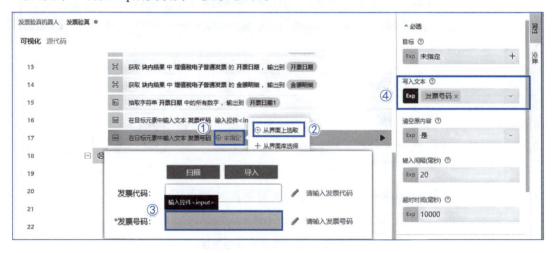

图9-36 设置"发票号码"界面

触发【Enter】键及时更新验证码：如图9-37所示，添加"模拟按键"命令。

单击增值税发票查验平台中发票日期的输入框。如图9-38所示，添加"点击目标"命令，点击查找目标，选择增值税发票查验平台中开票日期的输入控件。

在增值税发票查验平台的发票日期输入框中输入开票日期。如图9-39所示，添加"输入文本"命令，点亮"输入内容"属性Exp后更改为"开票日期1"。

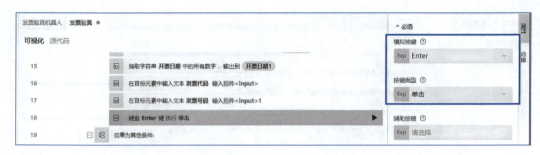

图9-37 "模拟按键"命令属性

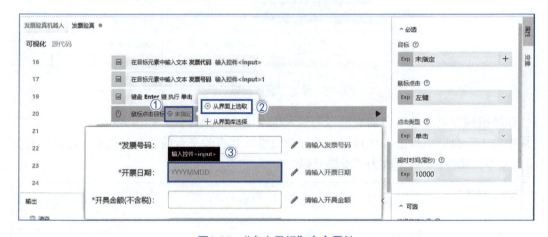

图9-38 "点击目标"命令属性

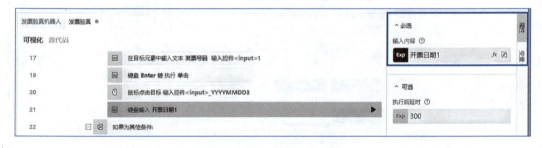

图9-39 "输入文本"命令属性

6. 查验字段为"开具金额（不含税）"字段

（1）查找字段是否存在

如图9-40所示，添加"判断文本是否存在"命令，更改"查找文本"属性为"开具金额（不含税）："。

（2）对查找目标文本内容进行判断

如图9-41所示，添加"如果条件成立"命令，更改"判断表达式"属性为bRet=True。

7. 若目标字段为开具金额（不含税），则填入开票金额（不含税）

如图9-42所示，添加"在目标中输入"命令，点亮"输入内容"属性Exp后更改为"金额明细"。

模块 9　办公自动化综合案例

图9-40　"判断文本是否存在"命令属性

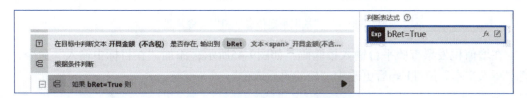

图9-41　"如果条件成立"命令属性

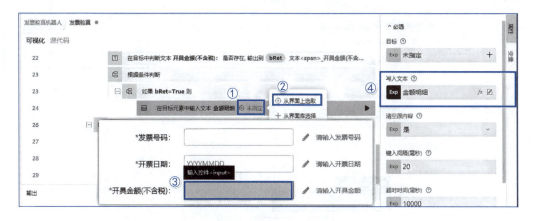

图9-42　"在目标中输入"命令属性

否则，填入校验码后六位数。如图9-43所示，添加"否则执行后续操作"命令。

图9-43　"否则执行后续操作"命令设置界面

抽取校验码后六位：如图9-44所示，添加"抽取指定位置字符"命令，点亮"目标字符串"属性Exp后更改为"校验码";更改"开始位置"属性为15;更改"结束位置"属性为21;更改"输出到"属性为"校验码后六位"。

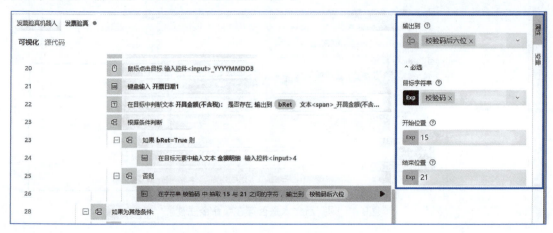

图9-44 "抽取指定位置字符"命令属性

在增值税发票查验平台输入校验码:如图9-45所示,添加"在目标中输入"命令,点亮"写入文本"属性Exp后更改为"校验码后六位"。

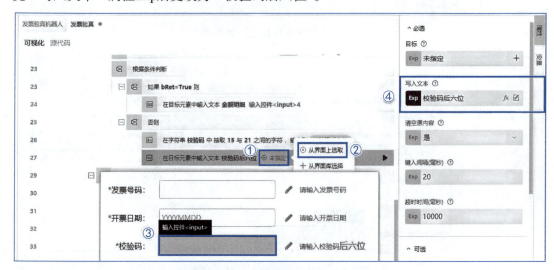

图9-45 "在目标中输入"命令属性

8. 手动输入验证码直至成功为止

①弹出输入框手动写入验证码:如图9-46所示,添加"输入对话框"命令,更改"对话框标题"属性为"请输入验证码";更改"输出到"属性为"验证码"。

②在目标中输入验证码:如图9-47所示,添加"在目标中输入"命令,点亮"写入文本"属性Exp后更改为"验证码"。

③添加"模拟按键"命令,按【Enter】键,如图9-48所示。

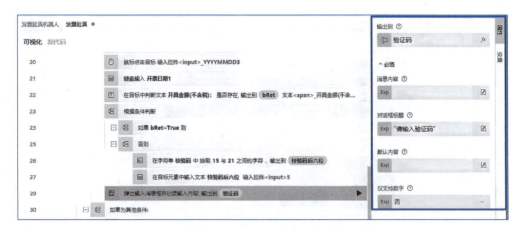

图9-46 "输入对话框"命令属性

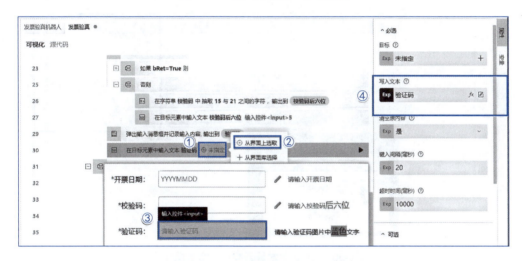

图9-47 "在目标中输入"命令属性

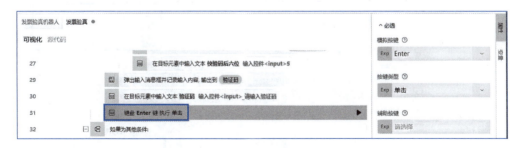

图9-48 "模拟按键"命令属性

④单击"查验按钮",如图9-49所示,添加"点击目标"命令,点击查找目标,单击增值税发票查验平台中的"查验"按钮。

⑤判断验证码是否输入错误。如图9-50所示,添加"判断文本是否存在"命令,更改"查找文本"属性为"提示";更改"输出到"属性为"异常提示"。

⑥重复运行。如图9-51所示,添加"当前置条件成立时"命令,更改"判断表达式"属性为True。

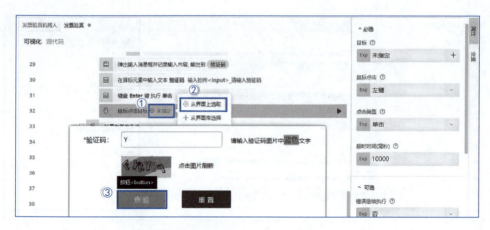

图9-49 "点击目标"命令属性

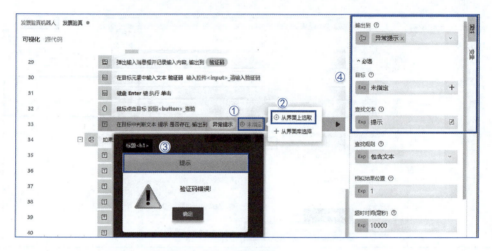

图9-50 "判断文本是否存在"命令属性

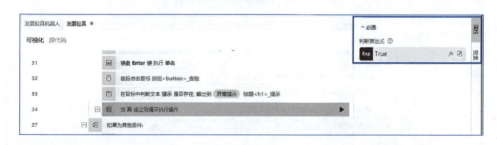

图9-51 "当前置条件成立时"命令属性

⑦对提示进行判断。如图9-52所示,添加"如果条件成立"命令,更改"判断表达式"属性为"异常提示=True"。

⑧单击"确定"按钮,如图9-53所示,添加"点击目标"命令,点击查找目标,单击增值税发票查验平台中的"确定"按钮。

⑨点击图片刷新验证码,添加"点击目标"命令,点击查找目标,单击增值税发票查验平台中的"确定"按钮,如图9-54所示。

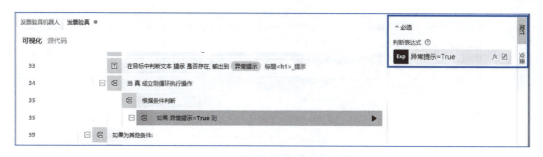

图9-52 "如果条件成立"命令属性

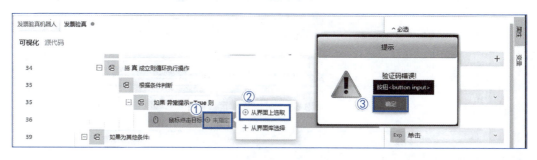

图9-53 "点击目标"命令设置界面（一）

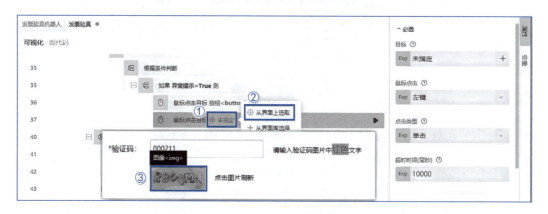

图9-54 "点击目标"命令设置界面（二）

⑩进入验证码输入判定的循环子程序，具体内容如下：

再次弹出输入框手动写入验证码，同第①步操作；在目标中输入验证码，同第②步操作；按【Enter】键，同第③步操作；单击"查验"按钮，同第④步操作；判断是否出现异常提示，同第⑤步操作。

上述第⑩操作中的一系列步骤可视化界面如图9-55所示。

否则，跳出重复操作：如图9-56所示，添加"否则执行后续操作"命令；并添加"跳出循环"命令。

9. 弹出消息框提示用户发票查验情况

①当发票查验结束时，弹出消息框提示用户审验。

如图9-57所示，添加"消息框"命令，更改"消息内容"属性为"请核对查验结果"。

213

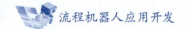

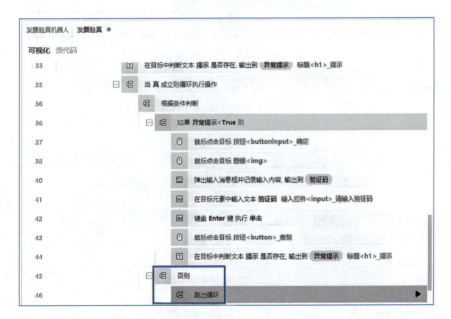

图9-55 可视化界面

图9-56 "否则执行后续操作"命令设置界面

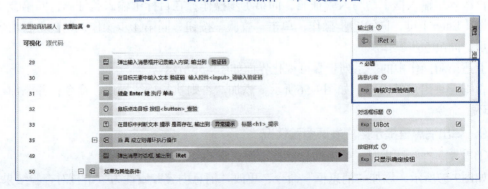

图9-57 "消息框"命令属性

②审验完成后，继续查验下一张发票。

如图9-58所示，添加"点击目标"命令，点击查找目标，单击增值税发票查验平台中的"关闭"按钮。

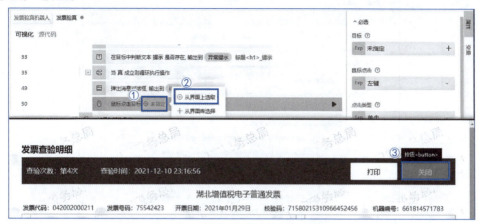

图9-58 "点击目标"命令设置界面

10. 所有发票查验完成

①弹出消息框提示用户所有发票已查验完成。

如图9-59所示，添加"消息框"命令，更改"消息内容"属性为"所有发票已全部核验无误"。

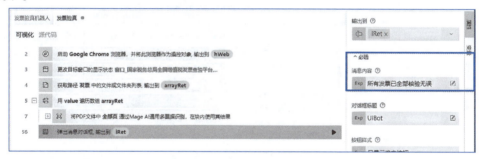

图9-59 "消息框"命令属性

②关闭浏览器。

如图9-60所示，添加"关闭标签页"命令。

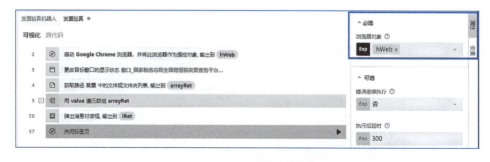

图9-60 "关闭标签页"命令属性

11. 保存机器人

可视化界面如图9-61所示。

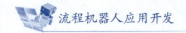

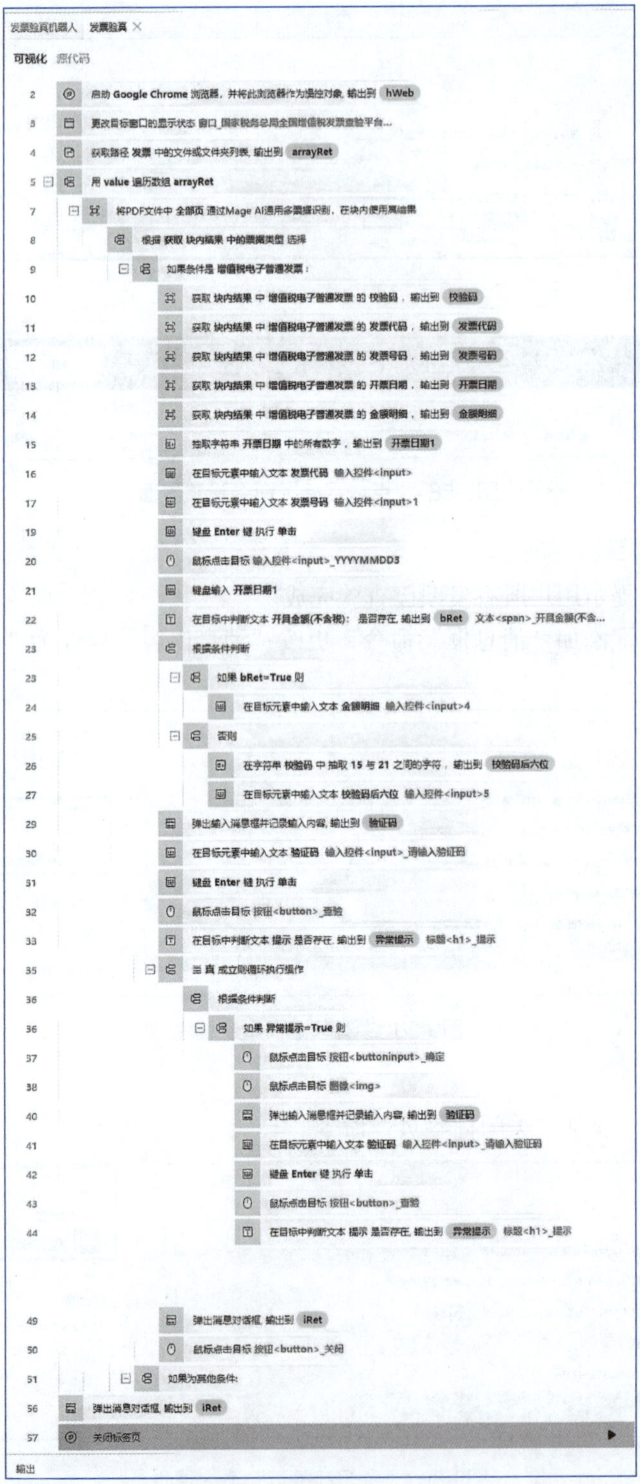

图9-61 可视化设置界面

12. 保存后退出流程块

如图9-62所示,添加"流程结束"流程块,连接后单击"保存"按钮。

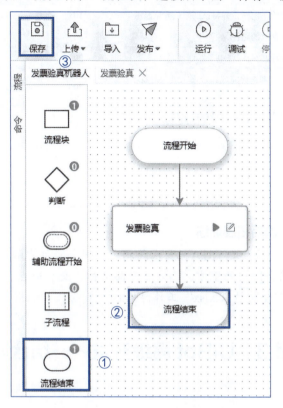

图9-62 "流程结束"流程块设置界面

项目重难点总结

重点:
①OCR识别技术的综合应用。
②RPA机器人模拟人工操作设计。
③循环处理与结果反馈的方法。

难点:
①OCR识别精度的提升。
②验证码的自动输入。
③异常处理与流程稳定性。

测评与练习

1. 能力测评

按表9-5中所列的操作要求,对自己完成的项目部分进行检查,操作完成得满分,未完成或错误得0分。

表9-5 技能测评表

序号	流程开发任务	分值	是否完成	自评分
1	打开"发票查验"网站，并将该网站最大化显示	10		
2	获取电子发票存放的路径	10		
3	遍历第2步获取到的每一张电子发票	20		
4	所有发票是否全部查验完成，若未完成，则循环查验	20		
5	若全部查验完成，则弹出对话框提示用户已全部查验完成	10		
6	关闭浏览器	10		
7	测试流程并调试和优化	20		
总分				

2. 素质测评——课后拓展训练

人工设置自定义合同模板，RPA机器人获取"合同"文件中的所有购销合同信息，并通过Mage AI提取购销合同中的甲方、乙方、产品名称、交货地点、交货时间、合同金额、产品等信息，汇总至"合同结果.xlsx"工作簿中。

项目 3　UiBot 高级开发——结合案例实践

情景导入

当开发者兴致勃勃地用UiBot写完一个流程并运行后，总是期待得到成功的结果。但是有时往往达不到预期的效果，尤其是对于新手而言，要么运行的时候UiBot报错，要么UiBot不报错，但是流程运行没有得到预想的结果。这时就需要对流程进行调试。

项目描述

RPA学习后期需要一定的程序调试知识和方法，来检查程序里面可能的错误或进一步优化完善自动化程序。

项目实施

任务1　流程调试的方法实践

所谓调试，是将编制的程序投入实际运行前，用手工或自动的方式进行测试，修正语法错误和逻辑错误的过程，是保证计算机软件程序正确性的必不可少的步骤。

其实，我们在前面已经大量使用了一种最原始、最朴素，但也是最常用、最实用的程序调试方法："输出调试信息"命令。在关键代码的上一行或下一行添加输出调试信息，查看参数、返回值是否正确。严格意义上来说,这并不能算是一种程序调试的方法,但是确实可以用以测试和排除程序错误,同时也是某些不支持调试的情况下一个重要的补充方法。

本模块将会介绍"真正意义上"的程序调试方法,可以根据提示的错误信息、监测的运行时变量,准确定位错误原因及错误位置。

1. 调试的原则

首先,用户必须清晰地认识到:程序是人脑中流程落实到编程工具的一种手段;程序调试本质上是帮助厘清人脑思路的一种方式。因此,在调试的过程中,人脑一定要清晰,这样才能迅速和准确地定位和解决问题。

- 冷静分析和思考与错误相关的提示信息。
- 思路要开阔,避开钻死胡同。一个问题,如果一种方法已验证行不通,就需要换种尝试思路。
- 避免漫无目的的试探,试探也是要有目的性地缩减排查范围,最终定位出错的地方。
- 调试工具只是定位错误位置、查找错误原因的辅助方法和手段。利用调试工具,可以帮助用户厘清程序中的数据流转逻辑,可以辅助思考,但不能代替思考,解决实际问题时仍需要根据调试的提示信息,自己思考后做出正确的判断。
- 不要只停留于修正了一个错误,而要思考引起这个错误的本质原因,是粗心写错了名称?还是用错了命令?还是流程设计上就有问题?只有找到了引起错误的本质原因,才能从根本上规避错误,以后不再犯类似错误。

2. 调试的方法

首先,要对系统的业务流程非常清楚。业务产生数据,数据体现业务,流程的运行逻辑也代表着业务和数据的运转过程。当错误发生时,首先应该想到并且知道这个问题的产生所依赖的业务流程和数据。

例如,当单击"提交"按钮时,表单提交出现错误。这时应该思考:单击"提交"按钮后,发生了哪些数据流转?再根据错误现象及报错提示信息,推测该错误可能会发生在这个业务数据流转过程中的哪个位置,从而确定调试的断点位置。

3. UiBot 的调试方法

(1)添加和删除断点

在UiBot中,可以设置断点,在调试的过程中,遇到断点会自动停下来。考虑到UiBot的主要业务逻辑在流程块中,所以只需要在流程块中设置断点,即可满足调试要求。

已知流程块包含了"可视化"和"源代码"两种视图,无论哪一种,都可以用以下方式添加和删除断点:

- 单击任意一行命令左边的空白位置,都可以添加断点。再次单击该位置,可以删除这个断点。
- 选中一行命令,在菜单中选择"运行"→"设置/取消断点"命令,原先没有断点的,会加上断点;原先有断点的,会删掉这个断点。
- 选中一行命令,直接按【F4】键,效果同上。

设置断点后，这一行命令的左边空白处会出现一个红色的圆形，同时这一行命令本身的背景也会变红，如图9-63所示。

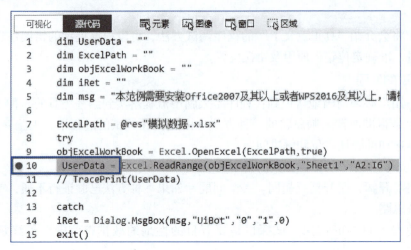

图9-63　添加和删除断点

（2）调试运行

如图9-64所示，在编写流程块的过程中，可以发现："运行"菜单中有四个命令，即运行、运行全流程、调试运行、调试运行全流程。如图9-65所示，单击工具栏中的"运行"下拉按钮，也有类似的四个命令。它们的含义分别是：

- 运行：只运行当前流程块，并且忽略其中所有的断点。
- 运行全流程：运行整个流程图，并且忽略其中所有的断点。
- 调试运行：只运行当前流程块，遇到断点会停下来。
- 调试运行全流程：运行整个流程图，遇到断点会停下来。

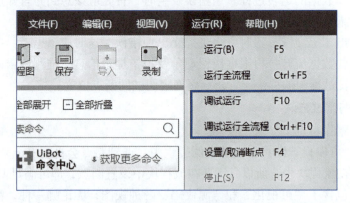

图9-64　调试运行菜单项

（3）单步调试

如图9-66所示，当调试运行时，程序运行到断点处，会自动停下来。此时，在调试状态栏中列出了常见的四个调试运行动作：继续运行（F6）、步过（F7）、步入（F8）、步出（F9）。"继续运行"指的是继续运行到下一个断点；"步过"指的是继续运行下一条命令；"步入"指的是继续运行下一条命令，如果下一条命令是函数，那么进入函数，在函数内的第一条命令处停下来;"步出"指的是跳出本层函数,并返回到上一层。

图9-65　调试运行工具栏

调试状态栏的左下方列出了本流程块变量的值,在程序运行到断点位置暂停时,进行下一步调试,这时需要特别注意观察程序运行的每一步的数据是否为业务流程处理的正确数据,来判断程序是否正确执行。这些数据包括输入数据、返回数据等,如果程序运行起来后,并没有进入我们预先设定的断点处,此时需要根据错误信息和业务处理流程逻辑重新推测错误发生位置,重新设置断点。逐步将一个大的问题细化拆解,最终精确定位错误点。

注意:观察程序运行每一步的数据是否为业务流程处理的正确数据,判断程序是否正确执行。

图9-66　单步调试

如图9-67所示,调试状态栏的右下方列出了本流程块的断点列表,用户可以根据需要启用、禁用和删除断点。

图9-67　断点列表

一般打断点的方式及位置如下:
- 在有可能发生错误的方法的第一行逻辑程序打断点。
- 方法中最有可能发生错误的那一行程序打断点。

任务2　单元测试块与时间线的实践

一般来说,一个流程图由一个或多个流程块组成,如果该流程比较复杂,那么流程中包含的流程块数量一般比较多，或者单个流程块的命令条数比较多。我们对流程图中靠后执行的流程块进行调试时，如果靠后流程块依赖靠前流程块的数据输入，那么靠后流程块的调试将会非常费时费力。例如，假设某个流程由两个流程块组成，分别称为“靠前流程块”和“靠后流程块”，流程中定义了两个全局变量*x*和*y*，“靠前流程块”中分别为*x*和*y*赋值为4和5，“靠后流程块”分别打印出*x*、*y*和*x*+*y*的值，如图9-68所示。

开始
靠前流程块
靠后流程块
结束
可视化
源代码
查看变量
令 x 的值为 4
令 y 的值为 5
可视化
源代码
查看变量
向调试窗口输出："x=" 连接 x
向调试窗口输出："y=" 连接 y
向调试窗口输出："x+y=" 连接 iRet

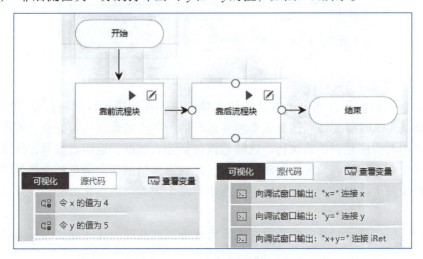

图9-68 单元测试块实例

如图9-69所示，在流程图视图下单击“运行”按钮，可以看到，UiBot输出了正确的结果。

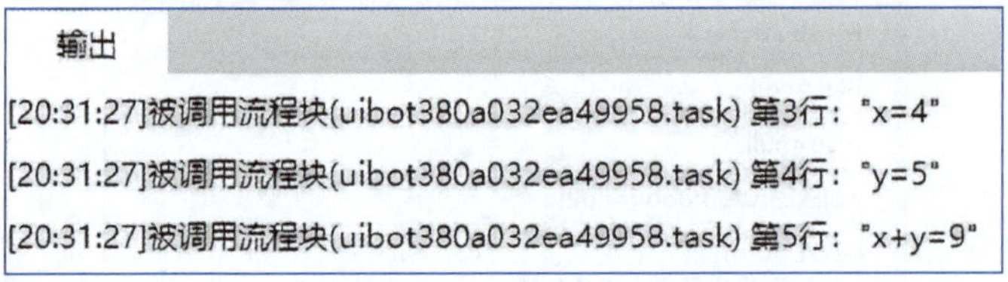

输出
[20:31:27]被调用流程块(uibot380a032ea49958.task) 第3行："x=4"
[20:31:27]被调用流程块(uibot380a032ea49958.task) 第4行："y=5"
[20:31:27]被调用流程块(uibot380a032ea49958.task) 第5行："x+y=9"

图9-69 运行全流程得到正确结果

假如要单独测试一下“靠后流程块”的功能（其实就是一个加法模块）是否正确，此时“靠后流程块”是无法单独执行的，如图9-70所示，在“靠后流程块”的可视化视图或源代码视图下单击“运行”按错，会报错。

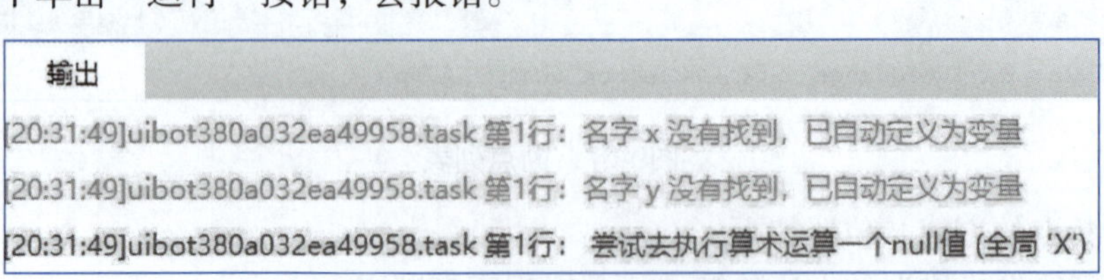

输出
[20:31:49]uibot380a032ea49958.task 第1行：名字 x 没有找到，已自动定义为变量
[20:31:49]uibot380a032ea49958.task 第1行：名字 y 没有找到，已自动定义为变量
[20:31:49]uibot380a032ea49958.task 第1行：尝试去执行算术运算一个null值 (全局 'X')

图9-70 运行单个流程块时报错

为了测试这个“靠后流程块”，必须要执行“靠前流程块”，因为*x*和*y*赋值操作来源于“靠前流程块”。这里“靠前流程块”比较简单，只做了几个赋值操作，如果“靠前流程块”比较复杂，例如，*x*和*y*的值分别来源于抓取天猫和京东两个网站某类商品后的统计数

量。那么测试这个"靠后流程块"的代价将非常大。

强大的UiBot从5.0版本开始,提供了一种单元测试块,可对单个流程块进行测试。回到刚才的例子,来了解单元测试块的具体用法。

如图9-71所示,打开"靠后流程块"的源代码视图,在命令中心"基本命令"的"基本命令"目录下,插入一条"单元测试块"命令。可以看到,在源代码视图下,UnitTest和End UnitTest中间就是单元测试块,在中间填入测试命令,分别为x和y赋值3和2。

如图9-72所示,在"靠后流程块"的可视化视图或源代码视图下再次单击"运行"按钮,此时执行结果正确。

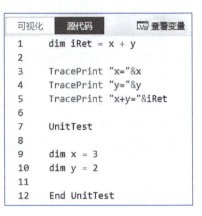

图9-71　撰写单元测试块

单元测试块具有如下特性:
- 单元测试块不管放置在流程块的什么位置,都会被优先执行。
- 只有在运行单个流程块时,这个流程块中的单元测试块才会被执行;如果运行的是整个流程,流程块中的单元测试块将不会被执行。

第一条特性保证了调试单个流程块时,单元测试块肯定会被执行到;第二条特性保证了单元测试块的代码不会影响整个流程的运行,不管是运行单个流程块,还是运行整个流程,都可以得到正确的结果。

(1)时间线

源代码的版本控制是软件开发中一个十分重要的工程手段,它可以保存代码的历史版本,可以回溯到任意时间节点的代码进度。版本控制是保证项目正常进展的必要手段。对初学者而言,建议在开始进行实践小项目的阶段即进行源代码版本控制,这在以后的工作中会大有裨益。

UiBot通过集成著名的代码版本控制软件Git,提供了强大的版本控制手段,即"时间线"。所谓时间线,指的是不同时间点的代码版本。

(2)手动保存时间线

如图9-73所示,用户鼠标移动到工具栏中的"时间线"按钮上,"时间线"按钮上出现"保存时间线"按钮,单击"保存时间线"按钮,即可保存该时间点的流程。保存时间线时,需要填写备注信息,用以描述该时间点修改了代码的哪些内容。

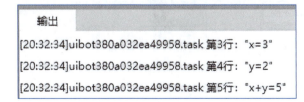

图9-72　运行单元测试块　　　　　　图9-73　保存时间线

(3)自动保存时间线

如果用户不记得保存时间线,没关系,UiBot每隔五分钟,会自动保存时间线;如果这段时间内用户未修改流程内容，则不保存时间线。

（4）查看时间线

如图9-74所示，单击工具栏中的"时间线"按钮，"时间线"页面按照"今天""七天之内""更早之前"列出已保存的时间点，单击任意一个时间点，可查看当前文件和选中时间点文件的内容差异，内容差异会用红色背景标识出。

如果要恢复该时间线的部分代码，可以直接单击代码对比框的蓝色箭头，直接将该段代码恢复到现有代码中。

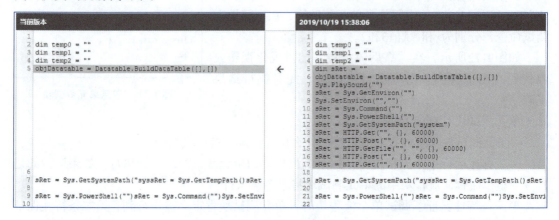

图9-74　时间线对比代码

在"时间线"页面，单击任意一个时间点的备注详情，可查看该时间点备注的详细信息，如图9-75所示。

图9-75　查看时间线备注

如图9-76所示，在"时间线"页面，单击任意一个时间点的恢复按钮，可将该时间线的代码内容恢复至现有代码，恢复后的时间点，会在左上角有个绿色的R标记，表示Revert（恢复），鼠标移动到R标记上，会显示从哪个时间点恢复的具体时间点。

图9-76　恢复时间线

任务3　命令库的建立、导入和使用

1. 模块化思想

模块化的思想在许多行业中早已有之，并非计算机科学所独创。例如，建筑行业很早就提出了模块化建筑概念，即在工厂里预制各种房屋模块构件，然后运到项目现场组装成各种房屋。模块构件在工厂中预制，便于组织生产、提高效率、节省材料、受环境影响小。模块组装时施工简便快速、灵活多样、清洁环保，盖房子就像儿童搭建积木玩具一样。

又如，现代电子产品功能越来越复杂、规模越来越大，利用模块化设计的功能分解和组合思想，可以选用模块化元件（如集成电路模块），利用其标准化的接口，搭建具有复杂功能的电子系统。模块化设计不仅能加快开发周期，而且经过测试的模块化元件也使得电子系统的可靠性大大提高，标准化、通用化的元件使得系统易构建、易维护。

总之，模块化的思想就是在对产品进行功能分析的基础上，将产品分解成若干个功能模块，预制好的模块再进行组装，形成最终产品。

UiBot中的预制件是模块化的一个典型示例，现在UiBot已经提供了四百多个预制件，涵盖了鼠标键盘、各种界面元素的操作、常见软件的自动化操作、数据处理、文件处理、网络和系统操作等方方面面。这些预制件采用模块化，各自相对独立，而又能组合起来完成复杂的功能。

除了UiBot中的预制件之外，用户也可以把用UiBot实现的一部分功能组装成模块，将来如果要再用到类似的功能，就不需要重写了，直接拿这个模块来用即可。比如，在某个项目中，使用UiBot做了"银行账户流水下载"的功能，即可将其组装成模块。在今后的项目中，只要导入模块，即可直接使用"银行账户流水下载"功能，省时省力。

在UiBot中，这样的模块称为命令库。一个命令库里面包含了若干条命令，使用起来就像UiBot中的预制件一样，可以在可视化视图中拖动，也可以用接近自然语言的形式展示，便于理解。

2. 建立命令库

下面通过具体示例来说明如何建立命令库。假设我们设计了一个模块，其中包含四个功能：加法、减法、乘法、除法。可以把这四个功能作为四条命令包装在一个UiBot的命令库中，以便今后使用。当然，在实际使用UiBot的过程中，四则运算这样的命令过于简单，意义不大。但读者通过这个例子掌握了命令库的用法，自然就会实现更实用、更复杂的功能。

从UiBot Creator 5.1版本开始，当用户单击首页上的"新建"按钮时，会弹出"新建"对话框，可以选择新建一个流程，还是一个命令库，如图9-77所示。

选择新建命令库之后，可以看到命令库的编写界面和编写流程块类似，如图9-78所示。实际上，命令库确实可以视为一个特殊的流程块，但它不会像普通的流程块那样，从第一行开始执行，而是需要设置若干个"子程序"。如果用户熟悉其他编程语言，"子程序"的称呼实际上就相当于其他语言中的"函数"（function）或者"过程"（procedure）。在UiBot中，之所以称为"子程序"，是为了让IT基础较少，不了解其他编程语言的开发者不至于感到困惑（比如和数学中的"函数"概念产生混淆）。

如图9-78所示，命令库中的每个子程序，对于命令库的使用者来说就是一条"命令"。所以，就像UiBot预置的命令一样，用户可以为其设置一个名称和一组属性，这些名称和属性也会被使用者看到。

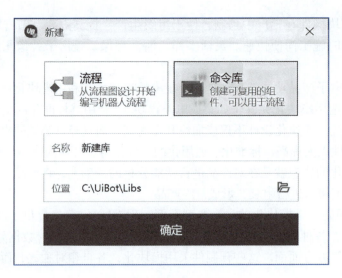

图9-77 "新建"对话框

新建一个命令库之后,作为例子,UiBot Creator已经帮用户生成了一个子程序的框架,在可视化视图和源代码视图下,其内容如图9-79所示。在源代码视图下,还会生成一段注释,以助理解。

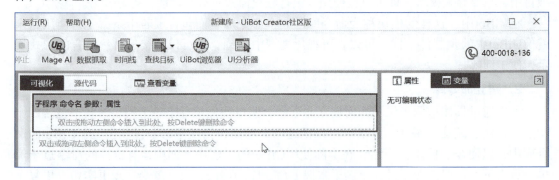

图9-78 命令库的可视化视图

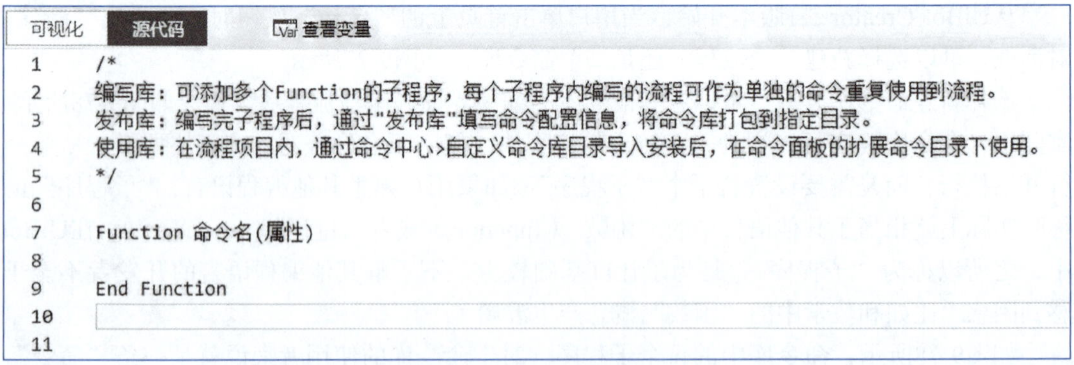

```
1  /*
2  编写库:可添加多个Function的子程序,每个子程序内编写的流程可作为单独的命令重复使用到流程。
3  发布库:编写完子程序后,通过"发布库"填写命令配置信息,将命令打包到指定目录。
4  使用库:在流程项目内,通过命令中心>自定义命令库目录导入安装后,在命令面板的扩展命令目录下使用。
5  */
6
7  Function 命令名(属性)
8
9  End Function
10
11
```

图9-79 命令库的源代码视图

前面学习了使用源代码编写流程内容,直接切换到源代码视图,把下面的源代码粘贴进去。

```
Function 加法(被加数,加数)
    Return 被加数+加数
End Function

Function 减法(被减数,减数)
    Return 被减数-减数
End Function

Function 乘法(被乘数,乘数)
    Return 被乘数*乘数
End Function

Function 除法(被除数,除数)
    Return 被除数/除数
End Function
```

切换到可视化视图,即可看到已经完成了一个加减乘除的四则运算命令库,其中包含四条命令。如图9-80所示。当然,用户也可以直接在可视化视图编写命令库及命令,具体过程比较简单,不再赘述。

图9-80 四则运算命令库

命令库至此已建立完毕,但为了方便他人使用,推荐使用"发布"功能,把该命令库发布成一个独立的文件,以便发送给他人。

在编写命令库时,单击工具栏中的"发布库"按钮即可,如图9-81所示。

单击"发布"按钮,UiBot Creator会校验命令库中是否存在错误,如果没有错误,则会弹出图9-82所示的对话框,其中的默认值已经填写好。而且即使不填,也不会对使用命令库有任何影响。但在该例子中,仍然对框起的内容进行了修改,这样做是为了让用户使用起命令库来更加容易。

图9-81 单击"发布库"按钮

这些修改的意义在于：

- 填写"使用说明"一栏，使得其他人在使用命令库时，鼠标移动到该命令上时，会弹出一个浮窗说明命令的具体说法。
- 填写"可视化翻译"一栏，使得其他人在使用命令库时，该命令在可视化视图中能以更容易理解的形式出现。其中的%1%和%2%会在可视化视图中分别用命令的第一个属性和第二个属性替代。例如，第一个属性为1，第二个属性为2，则可视化视图中显示的内容是"将1和2相加"，而不是默认的"四则运算.加法(1,2)"。显然，前者的可读性要好得多。
- 在"输出到"栏中打勾并填写一个变量名，如"相加结果"。使得其他人在使用该命令库时，每次插入这条命令，会把命令的执行结果放置到该变量中。

"发布库"对话框填写完成后，单击"发布"按钮，即可把命令库发布为一个独立的、以.zip为扩展名的文件。把这个文件用各种方式（如邮件、U盘等）发送给其他同事，他们只要导入命令库，就可以像使用UiBot Creator中的其他预制件一样，使用其中的命令。

图9-82 "发布库"对话框

3. 导入和使用命令库

假如某个同事拿到了刚发布的命令库，具体的使用方法如下：

- 用UiBot Creator打开任意一个流程，然后打开任意一个流程块。
- 在左侧的面板中单击"UiBot命令中心"按钮，选择"自定义命令"→"自定义库命令"。
- 单击"导入命令库"按钮，选择已发布的命令库文件（扩展名为.zip）。导入完成后，在界面上会出现已导入的命令库，如图9-83所示。

图9-83　导入命令库

- 回到编写流程块的界面中，可以看到左侧的命令列表中增加了一项"扩展命令"，其中包含了之前导入的"四则运算"，里面又有四条命令，对应着编写命令库时定义的四个"子程序"，如图9-84所示。

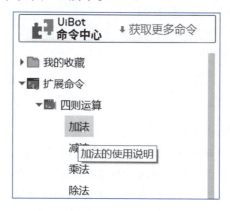

图9-84　导入命令库之后

这些命令的用法和UiBot Creator中的其他预制件一样，具体不再赘述。

注意：

- 如果在编写流程块时导入一个命令库，则该命令库在当前流程的所有流程块中都可用。但如果换了另外一个流程，就需要重新导入。
- 使用了命令库的流程，在打包给UiBot Worker或者UiBot Store使用时，命令库会被自动打包，不需要额外处理。

扫描二维码观看微视频，进一步理解项目3中的知识点和RPA高级开发方法。

视　频

UiBot高级开发总结

项目重难点总结

重点:
①掌握UiBot中设置断点的方法。
②理解调试的原则。

难点:
①确定引起错误的业务流程和数据流转过程。
②有效地使用调试工具辅助定位错误位置和原因。

测评与练习

1. 能力测评

按表9-6中所列的操作要求,对自己完成的项目部分进行检查,操作完成得满分,未完成或错误得0分。

表9-6 技能测评表

序号	流程开发任务	分值	是否完成	自评分
1	掌握设置断点的方法	20		
2	理解调试的原则	10		
3	确定调试的断点位置	20		
4	确定引起错误的业务流程和数据流转过程	20		
5	深入思考错误的本质原因	10		
6	有效使用调试工具辅助定位	10		
7	结合自己的思考做出正确的判断	10		
	总分			

2. 素质测评——课后拓展训练

在现代办公环境中,自动化流程的设计与实施对于提高工作效率至关重要。假设你是一名办公室经理,负责监督公司的行政管理工作。最近,你注意到员工在处理某些重复性任务时效率较低,因此决定引入办公自动化工具优化这些流程。设计一个办公自动化流程,用于自动归档电子文档和发送定期报告。该流程应包括以下步骤:

- 自动收集各部门的电子文档。
- 将文档分类并存储在预先设定的文件夹中。
- 生成每月工作报告,包括文档数量、类型分布等统计信息。
- 通过电子邮件自动发送工作报告给管理层。

模块 10
RPA 机器人部署上线

知识目标
◎ 理解RPA的人机交互模式。
◎ 理解RPA的无人值守模式。
◎ 理解RPA的流程管理。

能力目标
◎ 能够根据实际需求设置RPA机器人的工作模式。
◎ 能够根据实际需求部署RPA机器人并上线。

素养目标
◎ 通过部署RPA机器人,参与者能获得从理论到实践的全面经验。
◎ 提高参与者部署RPA机器人处理实际工作中问题的能力和效率。
◎ 加深参与者对RPA技术在自动化部署上线过程中的理解。

知识准备

一般RPA平台至少会包含三个组成部分,即开发工具、运行工具和控制中心,在UiBot中,这三个组成部分分别称为流程创造者、流程机器人和机器人指挥官(原名为UiBot Creator、UiBot Worker和UiBot Commander,为了便于用户记忆和理解,后续使用中文名称描述)。

前面章节中,只讲述了流程创造者的使用方法。经过学习之后,可能很多初学者也会在脑海中冒出一个问题:流程创造者已经足够强大,可以完成绝大部分开发功能,当然也能运行流程。那为什么还需使要用流程机器人和机器人指挥官?或者说流程机器人和机器人指挥官到底能为用户带来哪些额外的价值?

要回答这个问题,还是要回到RPA机器人流程自动化的初衷和原始概念。我们说RPA是虚拟员工,是数字劳动力,是企业雇佣一些数字员工替代人类员工完成一些机械重复而又烦琐的工作。一家企业雇佣一名员工,一定是加强管理,不会放任其随意工作的。常规企业对员工的工作普遍有以下几点要求:

第一,任务的贯彻执行。这就要求员工接受上级领导的指令和任务,完成上级领导布置的任务，保证企业朝着同一个目标努力。

第二，员工之间的配合。多个不同层级、不同部门的员工协调配合，共同完成一个复杂的任务。

第三，监督和管理机制。在工作过程中，需要有一定的机制进行监督和管理，当出现异常时需要及时处理。

而上述几点功能，仅仅使用流程创造者是无法完成的，而这正是流程机器人和机器人指挥官的功能点和亮点所在。

因此，如果你只是用RPA完成一些个人事项，虽然这些事项也是一些机械重复而又烦琐的工作，但是既不是上级派发给你的，也不需要他人配合，更不需要监督和管理，即使出错也不是那么要紧，那么使用流程创造者就够了，在某些领域（如游戏），我们甚至推荐使用按键精灵完成类似任务。而如果你是在一家企业里面实施RPA项目，那么流程机器人和机器人指挥官则是不可或缺的。本章将介绍运用这些工具部署机器人上线的使用方法。

1. RPA的两种工作模式

当在企业中使用RPA时，通常需要用流程创造者开发流程，并完成调试和测试，之后，再由流程机器人运行流程。因为流程机器人有两种工作模式，是流程创造者所不具备的。

第一种称为"人机交互模式"，通常安装在桌面计算机上，以一个桌面工具的形式出现。能够根据用户的需求，选择安装流程创造者编写好的流程，并且在用户日常工作过程中，需要运行某个流程时，按下"运行"按钮开始运行。除此之外，还可以设置触发器，当满足一定条件时（如到了指定的时间，或者收到了指定的邮件等），只要流程机器人还在运行，就会自动运行该流程。由于是安装在桌面计算机上，因此，在运行时，人有可能还在计算机前面等候。可以在机器人运行的过程中进行必要的人机交互，比如机器人弹出一个对话框，由人来确认，等等，如果需要停止机器人的运行，也可以直接在桌面计算机上进行操作。

第二种称为"无人值守模式"，通常安装在专门运行RPA流程的计算机上，安装之后，只要进行了必要的设置，流程机器人就直接在后台运行，连界面都没有。这台计算机可以放在桌面上，也可以直接部署在服务器机房，如果是在机房的话，甚至连键盘鼠标和显示器都不需要。那要如何启动流程呢？可以通过机器人指挥官，向无人值守的流程机器人派发任务。通过机器人指挥官派发任务的好处是：可以非常灵活地控制一批流程机器人，比如同时让多个流程机器人运行同一个流程。甚至可以采用"抢单制"，派出去一批流程运行的任务，然后自动分配到空闲的流程机器人上。比如有100个任务，有10个流程机器人，那么可以先自动派出10个任务，哪个流程机器人运行完了，就自动再去取一个新的任务，直到100个任务全部做完为止。任务的运行结果和日志，也都在机器人指挥官上集中管控。

在有的资料中，把"人机交互模式"称为RDA（robotic desktop automation），而把"无人值守模式"才称为RPA。当然，名字叫什么不重要，关键是要搞清楚这两者之间的区别。

"人机交互模式"适合于个人使用或者小规模使用，简单、快捷而又直接。

"无人值守模式"适合大规模使用，在机器人指挥官上集中管控多个机器人，显然机器人的数量越多,越能体现出便利性。

2. 流程管理

用流程创造者编写流程之后,为了在流程机器人中运行,通常采用的方法是将流程上传到机器人指挥官,然后由机器人指挥官下发到流程机器人。这一过程大致如下:

①这里以社区版的机器人指挥官为例。你可以在浏览器的地址栏中直接输入https://commander.laiye.com,也可以在使用流程创造者的任意时刻,单击右上方的"登录信息"按钮,在弹出的对话框中选择"前往机器人指挥官"。两者的效果是一样的。

机器人指挥官是B/S(Browser-Server)架构的软件,无须安装任何客户端,在浏览器中即可使用全部功能。打开机器人指挥官后,可以看到其主要功能都放置在左侧的菜单中,包含了设备管理、流程管理、任务管理等一系列功能。首先了解一下"流程管理"功能。

为了方便说明,下面以"演示流程-UiBot自我介绍"流程为例。当然,若希望建立自己的流程,可以单击右上方的"新建"按钮,在弹出的对话框中填写流程名称即可。如果有多人协作,推荐用户再写一段更详细的流程说明,以便他人理解。如果担心流程运行时间太长,还可以设置一个"最大运行时长",以分钟为单位,到了最大运行时长之后,无论流程有没有结束,都会自动结束。

②在机器人指挥官中创建了一个流程之后,可以回到流程创造者,在流程图视图下单击工具栏中的"发布"按钮,并选择"发布至机器人指挥官"命令,如图10-1所示。

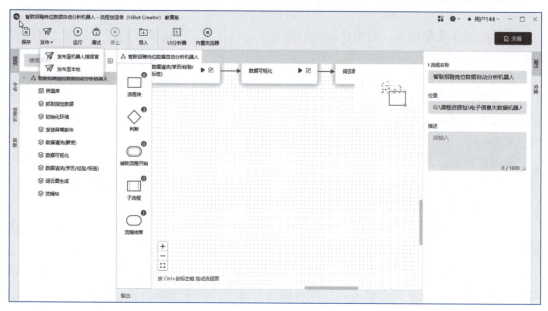

图10-1　发布至机器人指挥官示意图

③此时,流程创造者中会弹出一个对话框。对话框中有一个"选择流程"下拉列表,其中会列出机器人指挥官上的所有流程。如果你使用的是社区版,这里应该会列出你刚才在机器人指挥官上新建的那个流程。这样选择之后,就把流程创造者中创建的流程和机器人指挥官中创建的流程对应起来了。所以如果使用企业版的机器人指挥官,可能有多人协

作，"选择流程"下拉列表中的流程也会比较多，一定要仔细选择，避免张冠李戴。除了选择流程之外，建议给流程增加一个"版本号"，这个版本号的格式并无规定，可以是任意字符串，使用者方便区分就行，如1或1.0或1.0.0都可以是版本号。当流程创造者多次发布一个流程到机器人指挥官时，机器人指挥官会保留每次发布的内容，并用"版本号"来区分。这样一来，如果一个流程的某个版本出了问题，还可以切换到其他版本。

④发布完成后，还需要在机器人指挥官上启用刚才发布的这个版本。单击流程的名字，从右侧展开一个窗口，窗口中显示了流程的概况。切换到"版本列表"选项卡，可以看到从流程创造者上发布的每个版本。需要使用哪个版本，就打开该版本后面的"开关"（又称"启用"），这样一来，将来运行该流程时，运行的就是刚才启用的这个版本，如图10-2所示。

图10-2　启用版本

这样的操作看似烦琐，明明在流程创造者上已经发布了，还要在机器人指挥官里面再"启用"一次，好像有些多此一举。其实不然！因为在企业内部使用的时候，流程创造者和机器人指挥官可能并不是同一个人在操作。如果流程创造者的操作人员发布了一个新的版本，而机器人指挥官的操作人员毫不知情的话，那么流程实际上已经变了，机器人指挥官的操作人员还一无所知，这是有安全隐患的。所以，在机器人指挥官上的"启用"操作相当于是一个"审批"的过程，只有经过了审批，才会被真正启用。

流程启用后，既可以在人机交互模式的流程机器人中运行，也可以在无人值守模式的流程机器人中运行。要在这两种模式下运行，需要做的操作完全不同，下面分别解释。

3. 人机交互模式设置

如果使用的是社区版UiBot，安装完成后，会自动在桌面上生成一个流程机器人（社区版）的图标。双击图标，就会以人机交互模式开始运行流程机器人。

当在机器人指挥官上新建了流程，且在流程创造者中发布了流程的至少一个版本，那么，在流程机器人的界面上就可以直接看到这个流程。在流程的右边，还有一个"运行"按钮，单击"运行"按钮，该流程就开始运行了。如果在运行过程中希望停止，还可以长按【Ctrl+F12】组合键。

运行后的结果可以在流程机器人界面左侧的"运行记录"选项卡中看到，包含了每次运行的时间、运行结果等。后面还有两个小按钮，可以进一步查看运行的日志信息，以及运行过程中的屏幕录像。

流程机器人看起来比用流程创造者运行一个流程稍微多了一些功能，但并没有本质的区别。实际上，仅仅是"运行流程"这一件事情，流程机器人还具有以下功能：

（1）分身运行

大部分自动化流程在运行时，都需要占用鼠标和键盘的控制权，而人机交互模式的流程机器人通常部署在桌面计算机上，当流程运行时，计算机前的操作人员只能等待它运行完，再进行人工的工作。白白等待，浪费了时间。"分身运行"功能能够启动一个独立的窗口，并让自动化流程在该窗口中运行，即使窗口被遮挡了也没有影响。这样一来，流程运行时，还能同时进行人工操作，两者共用一台计算机，数据共享却互不干扰。进一步提高了工作效率。

启用分身运行之前，需要先安装分身运行的扩展程序。然后，在流程的"运行设置"对话框中开启"分身运行"选项即可。

开启了"分身运行"选项之后，在流程启动时会弹出一个窗口，其中显示了一个独立的Windows桌面，需要用户使用Windows账号密码登录。登录完成后，流程就会自动在该独立的Windows桌面上运行。

（2）触发器设置

除了手动运行流程之外，流程机器人还提供了"触发器"的功能，可以在满足一定条件时，有计划、有选择性地执行流程。流程机器人提供了四种触发器，即定时触发器、启动触发器、邮件触发器、API接口触发器。在流程机器人界面上选择"触发器"选项卡，单击右上角的"新建"按钮，即可新建不同类型的触发器。

- 定时触发器：可以设定流程的启动时间，包括设定单次运行、按日期、按周、按月等。设定完成后，流程机器人会持续地检查时间，发现到了启动时间，就会开始运行指定的流程。
- 启动触发器：该触发器相对比较简单。设定完成后，在流程机器人每次启动时，都会自动运行指定的流程。
- 邮件触发器：可以设定一个或一组邮箱地址，并且设定一个检测周期（默认是5分钟）。设定完成后，流程机器人会按照固定的时间周期，持续地检查邮箱，发现收到了符合条件的邮件，就会运行指定的流程。
- API接口触发器：设定该触发器之后，流程机器人会在本机上指定的TCP端口监听。可以通过HTTP请求，控制流程机器人运行某个流程。

（3）流程组设置

在某些场景下，多个流程之间可能存在依赖关系，例如，流程2需要流程1先完成，才能继续运行。流程机器人提供了流程编组的功能。所谓"流程编组"，指的是将两个或多个有依赖关系的流程放置到一个编组中，编组中的流程顺序执行，一个流程执行完，再顺序执行下一个流程。当然，还可以设定更为复杂的组合关系，比如流程1运行m次以后，流程2再运行n次。或者如果流程1运行失败了，流程2还要不要继续运行，等等。通过这些设置，可以把多个流程像积木块一样搭在一起，灵活应对各种场景的需求。

如图10-3所示，在人机交互模式的流程机器人界面中选择"流程组"选项卡，单击"添加"按钮。在弹出的对话框中选择流程进行编组即可，被选入流程组的各个流程均可设置运行次数，还可以通过拖动改变它们的运行次序。

图10-3 流程编组

当流程组创建完成后，可以把流程编组当作普通流程看待，也就是说，流程编组既可以直接立即运行，也可以通过计划任务安排运行，还可以支持分身运行。

（4）快速开始

从UiBot 6.0版本开始，程序安装完毕之后，会生成一个名为"流程机器人快速开始"的图标。顾名思义，这是人机交互模式下的一个流程的快速启动工具。

其实，人机交互模式下的流程机器人已经能够非常方便快捷地启动流程了，但有的流程可能需要在人的日常工作中频繁启动。下面以呼叫中心的话务员为例，每接到一个电话，可能就需要运行一个RPA流程帮助他自动录入相关信息。此时，流程机器人的窗口仍然显得太大，难免干扰话务员的正常工作。但如果每次运行完流程就把流程机器人关掉，需要流程的时候再次启动，又使得话务员的操作变得非常烦琐。

这时就需要用到"快速开始"工具。该工具启动速度快，占用系统资源少，平时可以半透明的方式置于Windows桌面一角，几乎不影响日常工作。当需要运行RPA流程时，单击一下即可。"快速开始"工具中可以容纳最多8个流程的运行按钮，如果日常工作中用的RPA流程不超过8个，还可以把空余的按钮用来运行一些其他常用工具，能有效提高工作人员的日常效率。

"快速开始"工具几乎不需要任何设置，但它和流程机器人是联动的，流程机器人中有哪些流程，这个工具中就会自动加入哪些流程。当然在初次使用之前，可能仍然需要打开流程机器人，对流程进行必要的配置，比如刷新机器人指挥官上的流程，设置是否以分身的方式运行，等等。另外，"快速开始"工具上已经预置了四个常用工具（Windows记事本、Windows画图工具等）。如果还希望预置更多的工具，或者不需要这些预置工具，目前需要手动修改安装目录下的Widget.TurnTable.config文件。这个文件是JSON格式的，内容比较简单，有IT经验的读者很容易编写，因此本文不再赘述。

4. 无人值守模式设置

在无人值守模式下，流程机器人的工作方式和操作方式都和人机交互模式完全不同。用户可以在一台计算机上建立多个无人值守的流程机器人（这种方式称为"高密度部署"，一台计算机上可以部署的流程机器人数量没有上限，仅取决于这台计算机的性能），它们的工作不会互相干扰。并且，这些流程机器人都以后台服务的方式存在，根本没有界面。如果要让它们运行流程，所有的操作都在机器人指挥官上进行。

所以，在无人值守模式下，需要进行如下配置工作：

- 把安装了UiBot且要运行无人值守模式的流程机器人的计算机纳入机器人指挥官的管理范围中。
- 使用机器人指挥官，在被管理的计算机上建立流程机器人的实例。如前文所述，一台计算机上可以建立多个流程机器人的实例，相当于可以有多个机器人同时工作，且互不干扰。

（1）配置运行无人值守模式的流程机器人的计算机

先来学习如何对运行无人值守模式的流程机器人的计算机进行配置。配置完成后，就不需要再去操作运行流程机器人的计算机了，甚至这些计算机重新启动也没有关系。后续操作都在机器人指挥官上完成。

在计算机上安装UiBot后，会出现一个名为"无人值守控制面板"的图标，这是无人值守模式的配置程序。启动它，可以看到如下界面：

这里需要输入密钥。密钥是什么呢？它是由机器人指挥官生成，让这台计算机和机器人指挥官能够实现身份互认的一个"密码"。可以把机器人指挥官比作家中的Wi-Fi路由器，路由器上有一个Wi-Fi密码，任何要加入该Wi-Fi网络的设备，只要输入该密码即可。所以，需要到机器人指挥官上去寻找该"密码"。

在机器人指挥官上，可以为所有要加入的计算机设置同样的密钥，也可以为每个要加入的计算机设置一个独立的密钥。前者更方便，后者更安全。篇幅所限，本文仅以前者为例，后者的操作方式可以举一反三。

打开机器人指挥官，在左侧选择"设备"选项卡，单击"通用密钥"按钮，在弹出的对话框中就显示了当前的密钥，将其填入无人值守控制面板的密钥框中，并选择"立即激活"。

以上激活步骤相当于向机器人指挥官发出了一个连接申请，在机器人指挥官的"设备"选项卡中也能看到当前待处理的连接申请，当然，也可以选择同意或拒绝该申请。

如果同意，就能看到新增了一台设备，与此同时，无人值守控制面板的界面上也会显示已经和机器人指挥官建立了连接。

（2）使用机器人指挥官，在被管理的计算机上建立流程机器人的实例

接下来的操作基本上都是在机器人指挥官上完成了。首先，需要在刚刚连接的这台计算机上建立一个或多个流程机器人的实例。只需要在机器人指挥官的"流程机器人"选项卡中选择"无人值守"→"新建Worker"选项，按照弹出对话框的提示，分别输入流程机器人的实例名称、基于哪个设备创建实例、本地账户和密码等信息。

注意：这里的"本地账户"是指Windows的账户，"密码"也是指Windows的账户对应的Windows密码。用户可以在Windows开始菜单中找到"命令提示符"并打开，输入命令net user，在横线下列出的就是所有可用的本地账户。通过这个方法，可以很容易地看到当前Windows都有哪些账户，如图10-4所示。

图10-4　本地账户

把某个Windows账户和对应的密码填写到"本地账户"和"密码"栏中之后，新建的流程机器人会以后台服务的方式，准备接收机器人指挥官发来的命令。当机器人指挥官命令它运行某个流程时，即使无人值守控制面板已经关闭，或者当时Windows刚刚重新启动完成，还没有任何账户登录时，流程机器人也会使用预设的Windows账户和密码自动登录Windows，然后进行自动化操作，从而做到真正的"无人值守"。

下面实际尝试一下，在机器人指挥官中发起一个运行流程的命令。把运行中的流程称为一个"任务"（显然，使用一个流程可以运行多个"任务"），因此，在机器人指挥官的"任务-个人任务"选项卡中单击"新建"按钮，建立起一个任务，也就相当于是运行流程。在"新建"任务时，首先需要选择流程，其实也就是指定要运行哪个流程；其次选择"部门"，是指这个任务可以被某个部门的用户看到；然后选择"Worker组"或"指定Worker"，前者是指在一组流程机器人中，随机选取一个空闲的流程机器人来"抢单"，后者则是指派特定的流程机器人运行该流程。

按上述方式新建任务后，流程会马上开始运行。当然，还可以选择"触发器"功能，在指定的时间自动建立任务，并运行流程。具体用法显而易见，本文不再赘述。

无论是立即建立任务，还是在触发器中自动建立任务，所有待运行、正在运行、已运行完成的任务都会在"任务"选项卡中显示。对于已运行完成的任务，无论运行结果是成功还是失败，都可以通过点击任务所在行，并在弹出的窗口中查看任务运行过程中的日志。如果使用企业版的UiBot，还可以在编写流程时加入"上传屏幕截图"命令，并且在这里看到运行过程中的截图。当出现流程运行失败的情况，管理者通过日志和截图等信息，可以比较方便地定位到具体原因。

另外，在无人值守模式下，管理者不能像在人机交互模式下那样，亲眼看到流程机器人的运行状况。为解决这个问题，可使用企业版的UiBot，管理者可以在"流程机器人"选项卡中找到"实时监控"功能，像观看监控室里面的摄像头画面一样，预览当前正在运行的所有流程机器人的画面，当然，也可以放大其中某个画面进行查看，甚至对其进行远程控制，等等。

5. 机器人协同

无论是人机交互模式，还是无人值守模式，多个流程机器人（或者简称RPA机器人）在运行流程时，彼此之间还可以传递数据。善用这一机制，可以实现多个RPA机器人之间的协同工作。比如，一个机器人专门收取邮件，并下载附件里的票据，另一个机器人专门把票据内容读出来，填写到业务系统中去。

对于上述场景，可能有的读者会有疑虑：明明可以把收邮件、下载票据、读取票据内容、填写业务系统放在一个流程中，用一个机器人去运行即可，为什么要拆成多个流程，还要让多个机器人分别去运行呢？如果工作量不大，用一个流程当然是最简单也最清晰的。但如果工作量很大，比如每天要处理上万份票据，就需要多个机器人来并行处理了。更合理的方式是把整个工作拆分为几个步骤，每个步骤配比不同数量的机器人，比如收邮件的速度比较快，可以少配一些机器人，读取票据内容的速度比较慢，需要多配一些机器人。

无论是把多个任务分配给多个机器人，还是把任务分成不同阶段，安排不同的机器人来做不同阶段，都需要涉及机器人之间的协同。UiBot提供了"数据队列"机制，可以方便地在多个机器人之间传递数据，进而实现协同工作。一个数据队列相当于把一组数据放在机器人指挥官上排队，有队头和队尾。流程创造者和流程机器人可以把数据添加到队尾，也可以从队头取走一个数据。目前的数据队列还不支持"优先级""查看队头数据但不取走""从队列中间取走数据"等复杂操作，但简单的设计也能符合大多数的需求，并且大大降低了开发的难度。

为了使用数据队列，首先打开机器人指挥官，在左侧选择"数据-队列"选项卡，然后单击"新建队列"按钮，设置一个队列名称，一个队列就创建好了，如图10-5所示。当然，还可以新建多个队列，每个队列中存放不同类型的数据。

视频

RPA机器人
部署上线

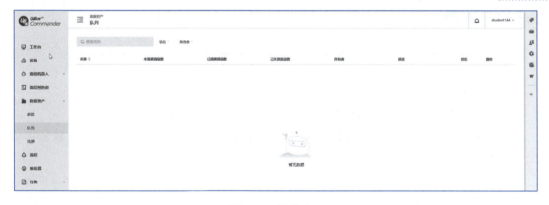

图10-5 新增队列

对于创建好的数据队列，还要对其进行"授权"操作。如果用户使用的是社区版的UiBot，"授权"操作并不重要，因为都是自己在使用。但如果是企业版，需要认真设置，确定以哪个用户身份登录的流程创造者和流程机器人可以使用这个数据队列。

授权完成后，即可在流程创造者中设计流程，实现数据队列的"放入"和"取出"操作。所谓的"放入"操作是指把一个数据排到队尾，而所谓的"取出"操作是指从队头取出一条数据，如果队列中没有数据，则取出的值是Null，即空值。这两个操作在流程创造

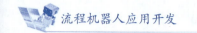

者中都有对应的命令。

利用数据队列的机制，可以实现机器人之间的协同。例如，先设置一个所有机器人都能访问到的公共网盘，然后由 m 个机器人去收邮件，下载附件中的票据文件，保存在该网盘上，并把文件的完整地址放入数据队列。再由 n 个机器人去数据队列中取到票据文件的地址，拿到文件并进行识别和填报。如果数据队列中的数据越堆积越多，说明 n 的取值小了，可以适当增加 n 的数量，让多个机器人能高效地协同工作。

项目　完成部署准备，实现系统上线

情景导入

你正在一家企业里面实施RPA项目，现在项目已完成开发，需要完成机器人的部署并上线测试。

项目描述

本项目是一个高效部署RPA技术并上线的流程。与传统的人工操作相比，机器人流程自动化不仅节省了人力资源，还显著提高了工作效能。项目从部署机器人的前期准备工作到新建机器人流程，再到发布流程、设置触发器并最后查看记录，完成了RPA机器人的部署及上线工作，体现了部署工作的综合性和完整性。整个项目的流程充分模拟了企业中RPA项目的实施过程，使得参与者能够获得从理论到实践的全面经验。

项目实施

任务1　新建设备密钥

1. 新建指定设备密钥

指定设备密钥适合指定设备的连接流程，具体连接方式如下：

① 在机器人指挥官上新建设备，输入设备名称和可同时在线流程机器人数量，如图10-6所示。

注意：请根据设备性能评估可同时在线流程机器人数量，建议区间1~10个，推荐以平均每个机器人占用4颗CPU和8 GB内存计算。此外，流程机器人安装在Windows Server系统下时支持一台设备下部署多个机器人，操作方法参考Worker用户操作指南。其他非Windows Server环境，如Windows、麒麟、统信等系统下，一个设备仅能部署一个流程机器人。

② 创建成功后，单击设备的"设备密钥"进行复制，此时设备状态为未激活。在设备上安装无人值守控制面板客户端后，在无人值守控制面板输入设备密钥，如图10-7所示。

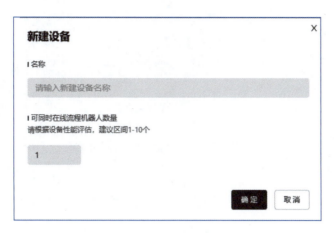

图10-6　新建设备

图10-7　复制"设备密钥"

③单击"连接"按钮，连接成功后可在机器人指挥官设备上查看连接情况，此时设备状态为"已连接"。

2. 新建通用设备密钥

通用密码适用于大批量设备连接流程，批量连接完毕后，可重置密钥，重置密钥后，旧密钥将失效。具体连接流程如下：

①在设备上安装无人值守控制面板客户端后，打开客户端，如图10-8所示。

②从机器人指挥官上复制通用密钥并在无人值守控制面板上输入，如图10-9所示。

③在机器人指挥官上单击连接申请，找到最近连接的设备，单击通过后，连接成功；如果拒绝，则连接失败。连接成功后，可在设备列表中查看设备情况。

图10-8　设置通用密钥

图10-9　无人值守控制面板输入通用密钥

任务2　新建流程

新建一个流程，设置流程名称为测试，如图10-10所示。

图10-10　新建流程

任务3　上传发布

①单击"发布"按钮，发布至机器人指挥官，如图10-11所示。

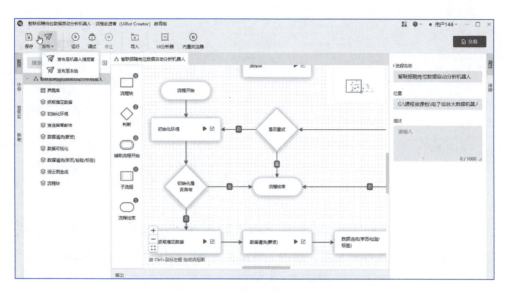

图10-11 发布至机器人指挥官

②选择服务器地址，默认公有云服务器；选择流程为刚刚创建的测试流程；填写发布版本号为1.0.0，可选填版本说明以及使用说明。全部填写好后单击"发布"按钮，如图10-12所示。

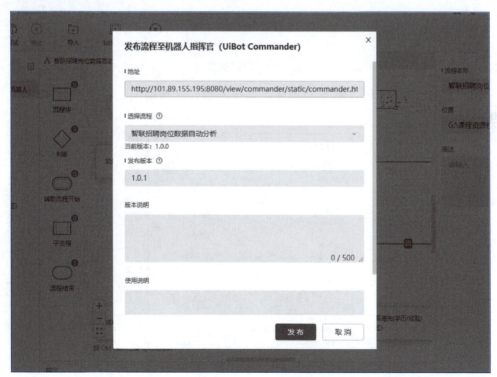

图10-12 发布

③返回Commander中，发现流程已上传完毕，如图10-13所示。

图10-13 流程上传完毕

任务4　设置触发器

①在Commander中选择触发器,单击"新建触发器"按钮,如图10-14所示。

图10-14 新建触发器

②填写基本信息,包含触发器名称、选择流程、选择部门,以及选择Worker,如图10-15所示。

图10-15 填写触发器基本信息

③填写触发器规则，包含触发器周期、启动时间、结束时间、运行频率以及运行规则，如图10-16所示。

图10-16　填写触发器规则

④确认信息无误后单击"确定"按钮。

任务5　查看记录

在触发器触发后，Worker就会自行启动，运行机器人。可以在Commander记录中看到运行结果，如图10-17所示。

图10-17　运行结果

项目重难点总结

重点：

①需求分析：在这一阶段，需要明确项目的目标和需求，理解文档在RPA开发中的重要性。

②流程设计：根据需求分析的结果，进行系统设计，包括流程设计和技术选型。

难点：

①流程开发：要利用已有的知识和技能，如果有不清楚的地方，可以回顾之前项目的

相关知识，确保基础扎实。

②测试优化：要关注测试的流程和方法，确保开发的产品符合需求并且没有缺陷。

③部署上线：要关注如何将产品有效地推向市场或实际应用场景。

测评与练习

1. 知识测评

在进行本项目学习实操之后，完成以下填空题以巩固相关知识点。

①RPA机器人可以自动执行的任务包括但不限于_____、_____、_____等。

②RPA的部署方式可以选择_____、_____、_____。

③RPA单个流程一般实施周期取决于_____和_____。

2. 能力测评

按表10-1中所列的操作要求，对自己完成的项目部分进行检查，操作完成得满分，未完成或错误得0分。

表10-1 技能测评表

序号	机器人部署上线任务	分值	是否完成	自评分
1	了解人机交互模式	10		
2	了解无人值守模式	10		
3	了解流程管理	10		
4	输入机器人开发流程	20		
5	输出机器人流程	20		
6	完成人机交互部署	10		
7	完成无人值守部署	10		
8	实现系统上线	10		
	总分			

3. 素质测评——课后拓展训练

近年来金融领域矛盾风险叠加，洗钱案件多发、频发，为满足人民银行、银监局等监管方对反洗钱工作的高标准监管要求，需要大量专业的反洗钱分析员投入一线工作。

在完成反洗钱分析工作时，一线分析员需要在多个不同层面的反洗钱系统中进行操作，由于不同分析员的账号权限范围不同，更需要登入登出不同的账号进行数据调取、交易监控等，若发现有异常则生成报告进行报送。因为流程本身涉及系统多、账号多、需要核对检测数据多，分析员每完成一个完整的反洗钱案例分析至少需要花费2个多小时工作时间，每次工作时间与需要分析的案例数量成正比，每天案例越多，员工就需要花费大量时间。

请依据相关标准和可进行重复操作的要求，设计一个反洗钱分析流程。完成部署后，RPA机器人将自动在多个系统中登录，按照规定格式进行调取、聚合数据，最终生成分析报告，若发现异常将第一时间通知相关分析员，这将大大释放一线分析员的人力和精力。